設計技術シリーズ

電源系のEMC・ノイズ対策技術

［編集］
月刊EMC編集部

科学情報出版株式会社

目　　次

第1章　ノイズ実態の把握と対策
　　　電源におけるEMC対策と実例

1．はじめに ……………………………………………………3
2．EMIについて ………………………………………………7
　2－1　私達は何をしているのか……………………………7
　2－2　私達はどの位を取り扱っているのか ………………7
3．EMI対策と実例（進め方）………………………………12
　3－1　EMI対策の手順と配慮 ……………………………12
　　3－1－1　テーマの選定 ………………………………12
　　3－1－2　現状把握 ……………………………………12
　　3－1－3　目標設定 ……………………………………14
　　3－1－4　要因解析 ……………………………………15
　3－2　EMI対策の基本的思考 ……………………………15
　3－3　伝搬経路の見分け方 ………………………………17
　　3－3－1　雑音端子電圧におけるノーマルモードノイズと
　　　　　　　コモンモードノイズについて ………………19
　　3－3－2　雑音端子電圧におけるノーマルモードノイズと
　　　　　　　コモンモードの見極め方 ……………………20
　3－4　伝搬経路の識別と、実際のEMI対策の進め方 …………21
4．最後に ………………………………………………………24

■目次

第2章　障害事例と対策
電源の高調波対策

1．はじめに ・・ 27
2．高調波電流による障害と規制・・・・・・・・・・・・・・・・・・・・・・・・・・ 29
　2－1　コンデンサインプット整流方式 ・・・・・・・・・・・・・・・・・ 29
　2－2　障害事例 ・・・・・・・・・・・・・・・・・・・・・・・・・・・・・・・・・ 30
　2－3　高調波電流規制 ・・・・・・・・・・・・・・・・・・・・・・・・・・・ 32
3．高調波対策の種類 ・・・・・・・・・・・・・・・・・・・・・・・・・・・・・・・・ 36
4．インダクタ電流連続モードPFCコンバータ ・・・・・・・・・・・・・・・ 39
　4－1　動作解析 ・・・・・・・・・・・・・・・・・・・・・・・・・・・・・・・・・ 39
　4－2　制御方式 ・・・・・・・・・・・・・・・・・・・・・・・・・・・・・・・・・ 41
5．デジタル制御方式 ・・・・・・・・・・・・・・・・・・・・・・・・・・・・・・・・ 44
6．ブリッジレスPFCコンバータ ・・・・・・・・・・・・・・・・・・・・・・・・ 46
7．おわりに ・・・・・・・・・・・・・・・・・・・・・・・・・・・・・・・・・・・・・・・ 47

第3章　ノイズ源の把握から行う対策
交流電源系における
ノイズの基礎知識と対策手法について

1．はじめに ・・・・・・・・・・・・・・・・・・・・・・・・・・・・・・・・・・・・・・・ 51
2．電源ノイズの種類 ・・・・・・・・・・・・・・・・・・・・・・・・・・・・・・・・ 52
　2－1　停電 ・・・・・・・・・・・・・・・・・・・・・・・・・・・・・・・・・・・・ 52
　2－2　瞬時停電 ・・・・・・・・・・・・・・・・・・・・・・・・・・・・・・・・・ 52
　2－3　周波数変動 ・・・・・・・・・・・・・・・・・・・・・・・・・・・・・・・ 52
　2－4　電圧変動 ・・・・・・・・・・・・・・・・・・・・・・・・・・・・・・・・・ 53
　2－5　高調波 ・・・・・・・・・・・・・・・・・・・・・・・・・・・・・・・・・・ 53
　2－6　電圧ノッチ ・・・・・・・・・・・・・・・・・・・・・・・・・・・・・・・ 55
　2－7　高周波ノイズ ・・・・・・・・・・・・・・・・・・・・・・・・・・・・・ 56

3．一過性のノイズと連続性のノイズ ・・・・・・・・・・・・・・・・・・・・・・・・・・・ 57
　　3－1　一過性のノイズ　・・・・・・・・・・・・・・・・・・・・・・・・・・・・・・ 57
　　3－2　連続性のノイズ　・・・・・・・・・・・・・・・・・・・・・・・・・・・・・・・・ 58
4．ノイズの伝搬径路とループ　・・・・・・・・・・・・・・・・・・・・・・・・・・・・・・ 60
　　4－1　ラインノイズと放射ノイズ・・・・・・・・・・・・・・・・・・・・・・・・・・ 60
　　4－2　ノイズとループ　・・・・・・・・・・・・・・・・・・・・・・・・・・・・・・・・・ 60
　　4－3　ケーブルのツイスト　・・・・・・・・・・・・・・・・・・・・・・・・・・・・・ 61
5．ノイズ対策を失敗しないために・・・・・・・・・・・・・・・・・・・・・・・・・・・ 63
　　5－1　「たぶんノイズだろう」 ・・・・・・・・・・・・・・・・・・・・・・・・・・・・ 63
　　5－2　偶発的なノイズトラブル・・・・・・・・・・・・・・・・・・・・・・・・・・ 64
6．ノイズ対策の三要素 ・・・・・・・・・・・・・・・・・・・・・・・・・・・・・・・・・・ 66
　　6－1　適切なラインノイズ防止素子の使用 ・・・・・・・・・・・・・・・ 66
　　　　6－1－1　アイソレーショントランス ・・・・・・・・・・・・・・・・ 67
　　　　6－1－2　障害波遮断変圧器・・・・・・・・・・・・・・・・・・・・・・・・ 69
　　6－2　グランド対策 ・・・・・・・・・・・・・・・・・・・・・・・・・・・・・・・・・・ 70
　　　　6－2－1　回路のグランド　・・・・・・・・・・・・・・・・・・・・・・・・ 70
　　　　6－2－2　表皮効果　・・・・・・・・・・・・・・・・・・・・・・・・・・・・・ 71
　　　　6－2－3　接地線のインピーダンス ・・・・・・・・・・・・・・・・・ 72
　　6－3　シールド　・・・・・・・・・・・・・・・・・・・・・・・・・・・・・・・・・・・ 73
　　　　6－3－1　磁気シールド　・・・・・・・・・・・・・・・・・・・・・・・・・ 73
　　　　6－3－2　静電シールド　・・・・・・・・・・・・・・・・・・・・・・・・・ 73
　　　　6－3－3　電磁シールド　・・・・・・・・・・・・・・・・・・・・・・・・・ 74
　　　　6－3－4　シールドの端末処理・・・・・・・・・・・・・・・・・・・・・ 74
7．ノイズトラブルの全体像　・・・・・・・・・・・・・・・・・・・・・・・・・・・・・ 76
　　7－1　ノイズ発生源と被害装置の関係 ・・・・・・・・・・・・・・・・・・ 76
　　7－2　ノイズの侵入径路をイメージする ・・・・・・・・・・・・・・・ 77
　　7－3　発生源対策例　・・・・・・・・・・・・・・・・・・・・・・・・・・・・・・・ 77
　　7－4　被害装置対策例　・・・・・・・・・・・・・・・・・・・・・・・・・・・・・ 79
8．おわりに ・・・ 81

－V－

第4章　スイッチング電源とEMC
ノッチ周波数を有する
スイッチング電源のEMC低減スペクトラム拡散技術

1．はじめに ・・ 85

2．スイッチング電源と従来スペクトラム拡散技術 ・・・・・・・・・・・・・・・ 86

 2－1　降圧形スイッチング電源・・・・・・・・・・・・・・・・・・・・・・・・・・・・ 86

 2－2　ディジタル方式スペクトラム拡散技術 ・・・・・・・・・・・・・・・・・ 87

 2－3　擬似アナログノイズ利用スペクトラム拡散技術 ・・・・・・・・・・ 88

3．パルス幅コーディング方式スイッチング電源 ・・・・・・・・・・・・・・・・・ 91

 3－1　パルス幅コーディング方式とスペクトラム ・・・・・・・・・・・・・ 91

 3－2　パルス幅コーディング方式DC-DC電源のシミュレーション ・・ 92

 3－3　パルス幅コーディング方式DC-DC電源のスペクトラム拡散 ・・ 92

4．各種パルスコーディング方式スイッチング電源 ・・・・・・・・・・・・・・・ 95

 4－1　パルス周期コーディング方式DC-DC電源とスペクトラム拡散 ・・ 95

 4－2　パルス位置（位相）コーディングPPC方式 ・・・・・・・・・・・・ 96

 4－3　複合パルスコーディング方式とスペクトラム ・・・・・・・・・・・・ 98

 4－4　複合パルスコーディングPWPC方式における

   ノッチ特性の向上 ・・・・・・・・・・・・・・・・・・・・・・・・・・・・・・・・・101

5．パルスコーディング方式におけるノッチ特性の理論的解析 ・・・・・・・102

 5－1　パルス幅コーディング方式とノッチ周波数 ・・・・・・・・・・・・・・102

 5－2　パルス位置コーディングPPC方式とノッチ周波数 ・・・・・・・・・103

6．パルス幅コーディングPWC方式電源の実装検討 ・・・・・・・・・・・・・・・106

 6－1　降圧形PWC方式電源の実装評価 ・・・・・・・・・・・・・・・・・・・・・106

 6－2　昇圧形PWC方式電源の実装評価 ・・・・・・・・・・・・・・・・・・・・・108

7．現状の特性と今後の課題 ・・・・・・・・・・・・・・・・・・・・・・・・・・・・・・・112

第5章　スイッチングノイズ対策法
　　　　疑似アナログノイズを用いた
　　　　スペクトラム拡散による
　　　　スイッチング電源のEMI低減化

1．はじめに ··115
2．従来のディジタル的なスペクトラム拡散技術 ···············116
　2－1　ディジタル的スペクトラム拡散の構成 ···············116
　2－2　M系列信号発生回路 ·································118
3．擬似アナログノイズによるスペクトラム拡散技術 ···········120
　3－1　擬似アナログノイズの発生と周波数変調方式 ·········120
　3－2　スペクトラム拡散のシミュレーション結果 ···········122
4．擬似アナログノイズの周期性拡張による拡散効果の改善 ······124
　4－1　周期性拡張による新M系列回路 ·····················124
　4－2　ビット反転による周期性の拡張 ·····················124
　4－3　ビット入替えによる周期性の拡張 ···················126
　4－4　新M系列回路出力によるシミュレーション結果 ·······127
5．現状の特性と今後の課題 ···································130

第6章　スイッチング電源のノイズ事例
　　　　鉄道電源のEMC

1．はじめに ··133
2．EMCとは ···134
3．鉄道電源のEMC対策 ···136
4．IEC 62236規格の概要 ···138
　4－1　エミッション（EMI）の測定 ·······················139
　4－2　イミュニティ（EMS）の試験方法 ··················139
5．鉄道車両の特異性 ···142
6．鉄道電源のEMC対策 ···144

■目次

　　6－1　エミッション ・・・・・・・・・・・・・・・・・・・・・・・・・・・・・・・・・・・144
　　　　6－1－1　発生ノイズの低減対策・・・・・・・・・・・・・・・・・・・・・144
　　　　6－1－2　放射電磁界（放射エミッション）の対策 ・・・・・・・・・・・146
　　　　6－1－3　雑音端子電圧（伝導エミッション）の対策 ・・・・146
　　6－2　イミュニティ ・・・・・・・・・・・・・・・・・・・・・・・・・・・・・・・・・・・146
　　　　6－2－1　静電気放電イミュニティの対策 ・・・・・・・・・・・・・・146
　　　　6－2－2　磁界イミュニティ対策・・・・・・・・・・・・・・・・・・・・・・147
　　　　6－2－3　伝導性イミュニティ対策・・・・・・・・・・・・・・・・・・・・147
　　　　6－2－4　放射イミュニティ対策・・・・・・・・・・・・・・・・・・・・・・148
　7．EMC障害の事例 ・・・・・・・・・・・・・・・・・・・・・・・・・・・・・・・・・・・・・151
　　7－1　1次－2次ショートパスコンデンサの影響 ・・・・・・・・・・151
　　7－2　スイッチング周波数の影響・・・・・・・・・・・・・・・・・・・・・・・・152
　　7－3　過大ノイズやフラッシュオーバーに対する対策 ・・・・・・・152
　　7－4　その他 ・・152
　8．EMC対策の課題とまとめ ・・・・・・・・・・・・・・・・・・・・・・・・・・・・154

第7章　電源ノイズ対策手法
低電圧・高速化が進む
メモリインタフェースの低ジッタ設計

　1．はじめに ・・・157
　2．実装起因ノイズとジッタの関係・・・・・・・・・・・・・・・・・・・・・・・・・160
　　2－1　タイミングバジェット ・・・・・・・・・・・・・・・・・・・・・・・・・・・160
　　2－2　実装ノイズ起因ジッタ・・・・・・・・・・・・・・・・・・・・・・・・・・・161
　3．ターゲットインピーダンスの考え方と課題 ・・・・・・・・・・・・・・・165
　　3－1　電源インピーダンスとSSN・・・・・・・・・・・・・・・・・・・・・・・165
　　3－2　ターゲットインピーダンスの導出と課題 ・・・・・・・・・・・・166
　4．周波数分割ターゲットインピーダンス導出手法とその評価結果・・・・・169
　　4－1　周波数分割ターゲットインピーダンスの導出方法 ・・・・・・・169

4－1－1　（ステップ1）周波数領域の分割と
　　　　　電源ノイズに対する出力回路のジッタ感度の導出‥‥‥170
4－1－2　（ステップ2）電源ノイズに対する
　　　　　出力回路のジッタ感度の導出 ‥‥‥‥‥‥‥‥‥‥‥170
4－1－3　（ステップ3）出力回路の貫通電流の周波数特性の導出‥‥170
4－1－4　（ステップ4）周波数依存性を考慮した
　　　　　ターゲットインピーダンスの導出 ‥‥‥‥‥‥‥‥‥171
　4－2　電源設計の実例 ‥‥‥‥‥‥‥‥‥‥‥‥‥‥‥‥‥‥171
4－2－1　ターゲットインピーダンスの導出 ‥‥‥‥‥‥‥‥172
4－2－2　電源設計 ‥‥‥‥‥‥‥‥‥‥‥‥‥‥‥‥‥‥‥180
4－2－3　実測 ‥‥‥‥‥‥‥‥‥‥‥‥‥‥‥‥‥‥‥‥‥180
5．まとめ ‥‥‥‥‥‥‥‥‥‥‥‥‥‥‥‥‥‥‥‥‥‥‥‥‥183

第8章　半導体、電源ノイズ事情
　　　VLSI電源ノイズの観測・解析と究明

1．はじめに ‥‥‥‥‥‥‥‥‥‥‥‥‥‥‥‥‥‥‥‥‥‥‥187
2．電源ノイズのオンチップモニタ技術 ‥‥‥‥‥‥‥‥‥‥‥‥188
3．電源ノイズの統合解析技術 ‥‥‥‥‥‥‥‥‥‥‥‥‥‥‥190
4．VLSIチップの電源ノイズ ‥‥‥‥‥‥‥‥‥‥‥‥‥‥‥192
　4－1　マイクロプロセッサのノイズ ‥‥‥‥‥‥‥‥‥‥‥192
　4－2　SRAM のノイズ ‥‥‥‥‥‥‥‥‥‥‥‥‥‥‥‥196
　4－3　SRAM のイミュニティ ‥‥‥‥‥‥‥‥‥‥‥‥‥198
　4－4　シフトレジスタのノイズ ‥‥‥‥‥‥‥‥‥‥‥‥‥200
5．まとめ ‥‥‥‥‥‥‥‥‥‥‥‥‥‥‥‥‥‥‥‥‥‥‥‥205

■目次

第9章　情報機器向けUPSの活用による電源ノイズ対策事例

1．はじめに ･･････････････････････････････････････209
2．UPSの種類 ･･････････････････････････････････････210
　2－1　常時商用給電方式のUPSとは　････････････････210
　2－2　ラインインタラクティブ方式のUPSとは ･･････････210
　2－3　常時インバータ給電方式のUPSとは････････････211
　2－4　UPS給電方式の違いまとめ･････････････････211
3．PCに搭載されているスイッチング電源の動向 ･･････････214
4．PFC電源とは ･･････････････････････････････････215
5．UPSの出力電圧波形について ･･････････････････････216
6．PFC電源を搭載した機器･･････････････････････････217
7．無停電電源装置（UPS）を用いた電源障害の対策事例 ･･･････218
8．最後に ･･220

参考文献 ････････････････････････････････････221

※本書は月刊EMC2013年〜2017年の記事を再編集したものとなり、各章毎に完結する内容となります。

－ｘ－

第1章

ノイズ実態の把握と対策
電源におけるEMC対策と実例

1. はじめに

EMCとEMI、EMSの関係（図1-1）と、電源に関する代表的な規格を以下に示す。

EMIとEMSの要求は相反する関係性にあるが、対策の技術的な考え方は共通性が高いため、ここではEMI対策の進め方を代表に述べる。

(1) EMC (ElectroMagnetic Compatibility)
　電磁環境適合性：機器のEMIとEMSの両立性を示す。
(2) EMI (ElectroMagnetic Interference)
　電磁気妨害放射：機器から放射されるノイズを示す。
・EN 55011-B：工業環境（雑音端子電圧、雑音電界強度）
・EN 55022-B：住宅環境（雑音端子電圧、雑音電界強度）
　他に、CISPR（IEC国際無線障害特別委員会）、FCC（米国連邦通信委員会）、VCCI（情報処理装置等電波障害自主規制協議会）等がある。
　測定環境と測定データの代表例を以下に示す（図1-2～図1-7）。
(3) EMS (ElectroMagnetic Susceptibility)
　電磁気妨害耐量：機器のノイズに対する耐量を示す。
・EN 61000-4-2：静電気放電
・EN 61000-4-3：放射性無線周波電磁界
・EN 61000-4-4：ファーストトランジェントバースト
・EN 61000-4-5：耐サージ
・EN 61000-4-6：伝導性無線周波電磁界

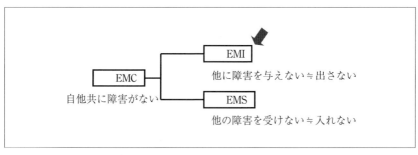

〔図1-1〕EMCとEMI、EMSの関係

■第1章　ノイズ実態の把握と対策

・EN 61000-4-8：電源周波数電磁界イミュニティ
・EN 61000-4-11：電圧ディップ、変動

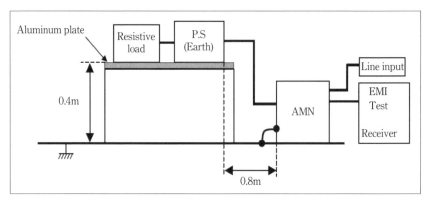

〔図1-2〕雑音端子電圧測定環境

〔図1-3〕雑音端子電圧測定環境写真

― 4 ―

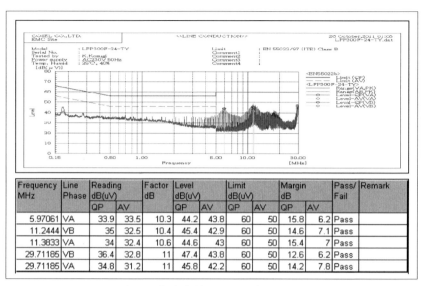

〔図1-4〕雑音端子電圧測定データ

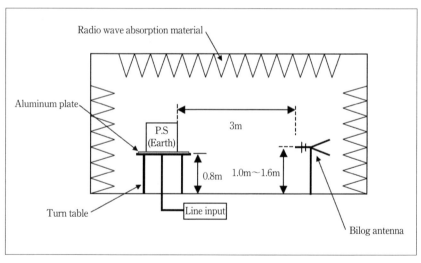

〔図1-5〕雑音電界強度測定環境

■第1章 ノイズ実態の把握と対策

〔図1-6〕雑音電界強度測定環境(3m暗室)写真

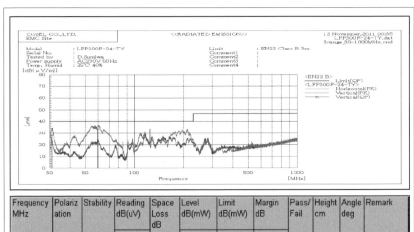

Frequency MHz	Polariz ation	Stability	Reading dB(uV)	Space Loss dB	Level dB(mW)	Limit dB(mW)	Margin dB	Pass/ Fail	Height cm	Angle deg	Remark
				QP	QP	QP	QP				
30.914	V	Stable	41.9	-13.7	28.2	40	11.8	Pass	128	0	
59.837	V	Stable	57.9	-24.1	33.8	40	6.2	Pass	106	47	

〔図1-7〕雑音電界強度測定データ

2. EMI について

EMI 対策の進め方を述べる前に概念を再認識する。

2-1 私達は何をしているのか

「①発生源」と「②伝搬経路」を探し、「③受信」しないようにしている（図 1-8）。

しかし、実際の装置においては、電源や CPU（クロック）、モータ、ソレノイドバルブ、インバータ等、不特定多数の発生源、放射源、伝搬経路が複雑に折り重なっており、識別は困難であるのが実情である（図 1-9）。

2-2 私達はどの位を取り扱っているのか

雑音端子電圧を例に、私達はどの位の数値を取り扱っているのか再認

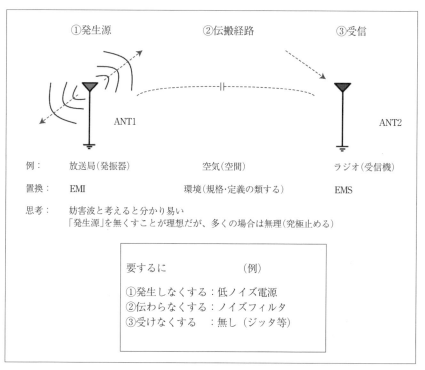

〔図 1-8〕EMI を理解する概念図

識する。
　以下に雑音端子電圧の測定環境写真（図 1-10）と、模式的に表した図（図 1-11）を示す。

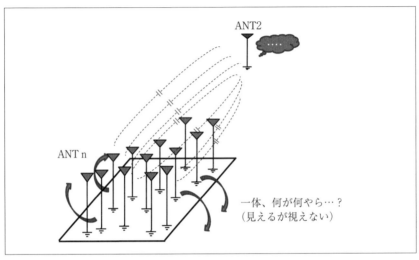

〔図 1-9〕実際の装置の概念図

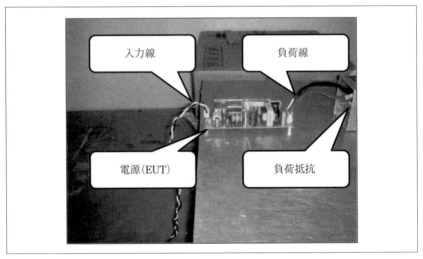

〔図 1-10〕雑音端子電圧測定環境

雑音端子電圧のノーマルモードに限って考えると、入力相間に生じる高調波を測定している（図 1-12）。

　改めて、CISPR-B の規制値を例に、雑音端子電圧のレベルを数値で換算すると以下となる（図 1-13）。

　ここで認識すべきは、上記を踏まえ、私達が取り扱っている数値は如何に微小なものであるかを認識し、測定精度を含め、数値に見合う環境の再現や、取り扱いが本当にできているかを再認識することが重要である。

　参考までに、見落としがちな誤った再現測定の例を以下に示す（図 1-14）。

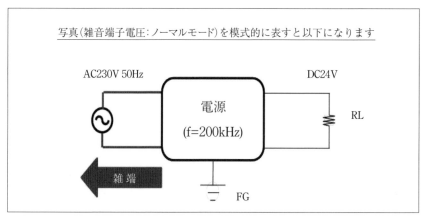

〔図 1-11〕雑音端子電圧測定を模式的に表した図

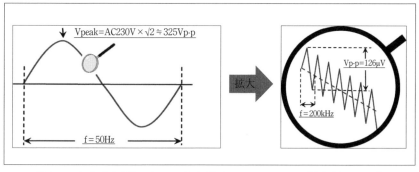

〔図 1-12〕入力相間に生じる高調波（ノーマルモード雑音端子電圧）

■第1章 ノイズ実態の把握と対策

　左は測定日A、右は測定日Bである。測定担当者からは同じ測定環境であるが、測定データが再現しないと報告を受けた。しかしながら、左の測定日AではACとFG線を同時に編み込んだ入力線を使用しているが、測定日Bでは、ACとFG線を分離した入力線を使用している。測定者は、雑音端子電圧の設計計算能力を有する設計者であるが、自ら

入力電圧　　：AC230V　50Hz　⇒　325Vp-p　T=20ms
規格値　　　：42dBμ 200kHz　⇒　$10^{(42/20)}$ = 126μV　T=5μs
　ex. CISPR − B f：500K − 5MHz normal mode

私達は325Vp-p 50Hz(T=20ms)に重畳する126μVp-p 200kHz(T=5μs)を扱っている
比では実に4,000倍の周期に重畳する258万分の一の電圧を扱っている

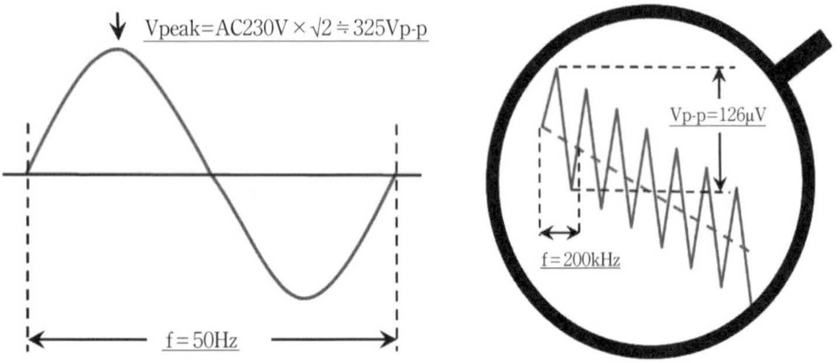

Vpeak=AC230V×√2≒325Vp-p

f=50Hz

Vp-p=126μV

f=200kHz

〔図1-13〕雑音端子電圧の数値レベル

〔図1-14〕見落としがちな誤った再現測定の例

が取り扱っている数値を、実際の測定環境に照らし合わせた際に、どの位の影響を生じるか思考する能力が不足していたと言える。しかしながら、影響については数値的に把握されていないことが大半であるため、測定者は最低限、測定環境の写真を残す等の配慮が必要である。

3．EMI 対策と実例（進め方）

本テーマは「電源における EMC 対策と実例」であるが、EMC 対策は EMI を例に、ノイズ発生源と伝搬経路の識別方法を理解すれば可能である。ここでは電源に限定せず、可能な範囲で汎用的に適用できる考え方を中心に述べる。

また、これから EMI 対策の進め方について述べるが、本記載内容は対症療法である。

理想的には製品開発において EMI は対策の必要を生じず、設計検証で完了することが望ましい。しかしながら現時点では多くの製品開発で EMI 対策が行われている実情を鑑みると、将来的に技術が確立されるまでは、必要悪として要求される技術と言わざるを得ない。

従って、EMI 対策とは、長期視点では非合理的であり、理想は等価回路化し、理論を確立することを優先すべきであることを理解したうえで実施されたい。

3−1　EMI 対策の手順と配慮

基本は通常業務と同じ、QC ストーリ、PDCA サイクルである。ここでは手順を示すため、具体的な対策決定前の要因解析までを示す。

3−1−1　テーマの選定

何をどこまで（いつまで）を決める。目標が曖昧な対策の着手は絶対に避け、製品レベル、規格、入出力条件、設置環境、QCD で捨てるものを明確にしたうえで取り組む。

3−1−2　現状把握

EMI 対策に限ったことではないが、業務の開始は基準となる原点の設定が重要である。

事前に試作品、仕様書、回路図、配置図、部品リスト、修理部材、想定される対策部品、暗室（予約）等を準備する。また、技術支援者と判断者を明確にしておくことが必要である。この時、着手原点（基準）を明確にするため、試作品は 2 台あるのが理想である。

また、広い知見を得るために、技術支援者は現状を伝えたうえで複数に事前依頼し、判断は基準を統一するために、特定の 1 名であることが

望ましい。

あくまでも当社の一例であるが、業務の進め方を共有する意味から、業務着手前に進め方の共有を目で見てとれるようにまとめておくと良い（図 1-15）。

(1) 5W1H

数値、写真（図）で語り、残す。何がどの位困っているのかを明確に把握、共有する。

(2) 原点設定

対策着手前に原点データを決める。引き継ぎの場合は再現性を確認する意味からも再測定する。

(3) 三現主義

自分の目で見る。データは結果よりも、どう測定したかが重要である。測定データの再現性、装置の正常動作、環境（暗ノイズ）、測定者の報告に曖昧さはないか等、現場で実際に現物を見ることが最も重要である。正常な対策開始が絶対条件である。

業務作戦シート
本シートは業務遂行担当が記載、GLの承認を得て業務開始、個人保管する。

完了承認	作成承認	作成

①件名（業務内容：小日程業務項目とリンク）

②背景・経緯・影響(業務の必要性/実施理由/不具合・後工程への影響)

③業務プロセス（手順/進め方/フローチャート様式推奨/見込み時間併記推奨）
※間違いやすい点，報告のタイミング（時刻），参照標準類記入

時間(予定/実績)
記入は任意

④業務結果のOPI

⑤反省(手戻り内容/原因/再発防止策等)：M記入後、GLコメント記入

2009.3.4 US一課 Ver. 1.0

〔図 1-15〕業務の進め方を共有する例

■第1章　ノイズ実態の把握と対策

(4) 環境

2Sを遵守する（人も物も、5Sなきところに再現性はない）。

３－１－３　目標設定

QCDの再確認、設定（暫定でも良い）を行う。何がどうなったらEMI対策が完了したと判断するかを共有する。成すべきでなく何を捨てるか（期限：Dに対し、品質：Qかコスト：Cかを決める）が重要である。この時、報告のタイミングと形式を統一しておくと良い。

あくまでも当社の一例であるが、進捗を共有する意味から、測定データは不特定多数の技術者が同時に見ることができるよう、ボード等にまとめると良い（図1-16）。

この時、姉妹機種がある場合や、他特性に影響を及ぼす可能性がある場合は、同時にボードに示し、見える化を図ることが重要である。

【参考：ボード作成時の注意点】

EMI対策をどのように進めようとしているのかEMI対策ボードを作成し、見える化する。

①点でなく面で考える。手順は社内の知見を集結して決定し、無駄な繰り返しを避ける。

②期待効果（デメリット）と、実現性（機構、安全規格等）から優先を決める。

〔図1-16〕EMI対策ボードの例

③EMI 対策に必要な部材を記載し、事前準備する（対策を開始してから
手配しない）。

また、対策部品の推定効果を記載し、対策部品現物には型名と価格、
起案者を書く。

３－１－４　要因解析

要因を検証し、真の原因を追究するが、注意点を以下に述べる。

(1) 変化が重要

規格値を満足することは重要だが、対策時は改善だけを見ない。狙う
範囲（周波数帯域）に変化があったかが重要である。悪くなった対策も
重要な情報なので必ず残す。この時、無駄な繰り返し防止のため、効果
がなかったのか、実施していないのかも識別できるようにしておく。

(2) 視点を広くする

対策中は問題となっている周波数に目を奪われがちになるが、少なく
とも対策の方針が定まっていない段階では、都度レシーバで絞り込みを
行うのではなく、ピークが移動しただけ等の見逃し防止のため、常にス
ペクトラムアナライザで広く帯域を見ることを推奨する。

３－２　EMI 対策の基本的思考

あくまでも概念的考えであるが、EMI 対策の基本的な思考を以下に示
す。

これから EMI 対策を行う技術者の方には、経験的な思考であるが参
考にされたい。

(1) EMI 対策の基本的思考① （図 1-17）

対策は追加を基本とし、「対策部品は外さない」。ただし、後で外して
いく覚悟が必要。

(2) EMI 対策の基本的思考② （図 1-18）

「一度に対策」は早期にやめる。機能ブロックごとに遮断（停止）させ、
識別する。

(3) EMI 対策の基本的思考③ （図 1-19）

「つもり、見えない」に気付く。取り扱っている周波数と部品特性を
認識しながら使用する。

(4) EMI 対策の基本的思考④（図 1-20、図 1-21）
　発生源（発振器）と放射源（アンテナ）を「間違えない」。
　スイッチング電源が動作しているように、EMI 発生源は止めようのない機能を有していることが多い。短絡的に考えると、発生源が EMI の諸悪のように思われがちであるが、実際は伝搬、放射経路を絶つ思考の方が建設的である。

〔図 1-17〕EMI 対策の概念①

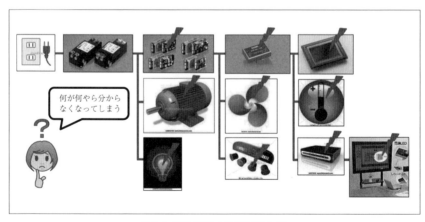

〔図 1-18〕EMI 対策の概念②

3-3 伝搬経路の見分け方

代表的なEMI測定項目として、雑音端子電圧（図では「雑端」と示す）と雑音電界強度（図では「電界」と示す）がある。端的に示すと、この2特性は5か所から伝搬、放射される（図1-22）。

私達が測定しているのは、雑音端子電圧は入力相間に生じるノーマルモードとAC-FG間に生じるコモンモードの合計値、雑音電界強度は入力（FG）線、装置本体、出力（負荷）から空間に放射される電界の合計

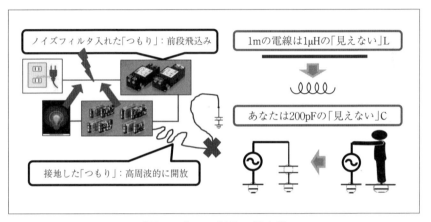

〔図1-19〕EMI対策の概念③

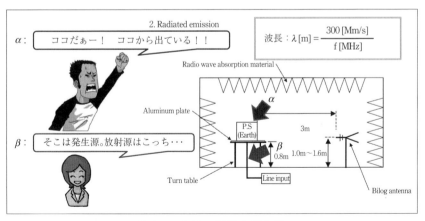

〔図1-20〕EMI対策の概念④

■第1章　ノイズ実態の把握と対策

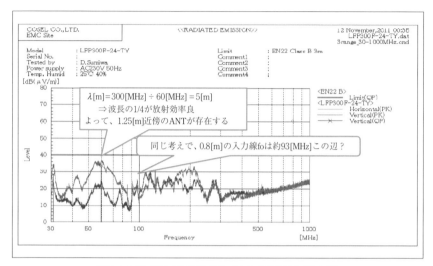

〔図 1-21〕雑音電界強度に見る放射源の推定例

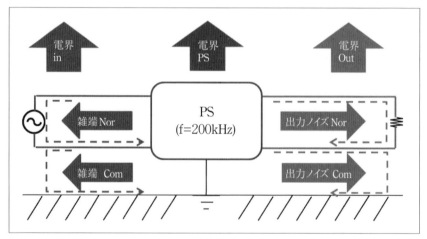

〔図 1-22〕雑音端子電圧の伝搬と雑音電界強度の放射経路

値である（図 1-23）。

　従って、EMI 対策において伝搬経路を見分けるためには、この5か所を識別する必要がある。ここでは特に雑音端子電圧の識別について述べる。

- 18 -

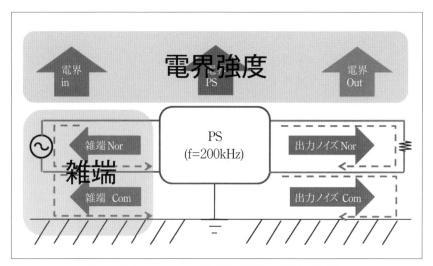

〔図1-23〕測定している雑音端子電圧と雑音電界強度

3−3−1　雑音端子電圧におけるノーマルモードノイズとコモンモードノイズについて

　スイッチング電源を例に雑音端子電圧におけるノーマルモードノイズとコモンモードノイズを示す。以下はスイッチング電源の雑音端子電圧における等価回路である。

　厳密には、ノーマルモード、コモンモードにおいて個別に等価回路が作成できるが、今回は、概念的な等価回路に留める（図1-24）。

　入力側に生じるノイズを雑音端子電圧、出力側に生じるノイズを出力ノイズと言う。

　また、入力相間、もしくは出力相間に生じるノイズがノーマルモードノイズ、入力-FG間、もしくは出力-FG間に生じるノイズをコモンモードノイズと表現している。

　原理は容易で、ノーマルモードノイズは電流源（図中 INV Id と表現）、コモンモードノイズは電圧源（図中 INV Vds と表現）で決定される。

　従って、ノーマルモードノイズを低減するには、相間に ESR 低減のためのコンデンサを挿入すれば良く、コモンモードノイズを低減するに

− 19 −

■第1章　ノイズ実態の把握と対策

は、FG 間に分圧比低減のためのコンデンサを挿入すれば良いことがわかる（図 1-25）。

3－3－2　雑音端子電圧におけるノーマルモードノイズとコモンモードの見極め方

EMI 対策を行う際に重要な思考は、伝搬経路を見極めることである。
先に述べたように、少なくとも雑音端子電圧の伝搬経路はノーマル

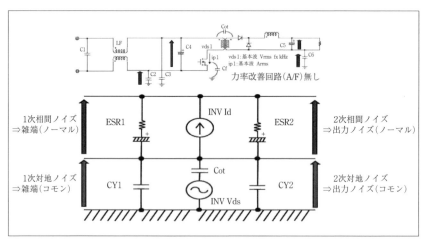

〔図 1-24〕雑音端子電圧概念図

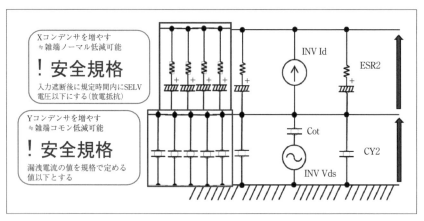

〔図 1-25〕雑音端子電圧概念図によるノイズ伝搬経路見極め方法

- 20 -

モードとコモンモードの２つしかない訳であるから、見極めのためには、実験的に極端に大きな容量を接続し、消去法で思考することが望ましい。ノーマルモードノイズ対策は発生源対策のため概念的に電解コンデンサを表記したが、入力相間に接続する場合は、必要な仕様を有するコンデンサを接続する。当然、この識別方法は出力にも適用できる。

　ただし、製品化においては入力相間の場合は、安全規格を満足する場合、規定時間内に SELV 電圧以下とする放電抵抗の接続が必要であり、AC-FG 間に接地コンデンサを増設した場合は、漏洩電流の要求値を満足する必要があるので注意が必要である。

３－４　伝搬経路の識別と、実際の EMI 対策の進め方

　雑音端子電圧と雑音電界強度の概要について述べた。

　以下は、実際に装置の EMI 対策を進めるうえで、識別を行う代表的手段である。

　概念を理解すれば、具体的識別手段、対策方法は各個人が容易に推定できる。

(1) 暗ノイズが正常な測定を妨げていないことと、機器が正常に動作していることを確認。

(2) 放射か伝導かを識別する。

①実験的に、EMI の発生源と推定される対象を故障防止の絶縁物で覆い、金属で覆う。

・アルミまたは、銅で接地することにより効果がある場合は、放射（静電結合）要因である。

・鉄で覆うだけで接地がなくとも効果がある場合は、放射（磁束結合）要因である。

・鉄で接地することにより効果がある場合は、放射（静電と磁束結合）要因である。

②発生源と推定される対象の入力と出力に LF（X、Y コンデンサ）とフェライトコアを挿入すると、入力線か、出力線の伝導か識別できる。見極めだけなら同時に挿入する。

③２つの発生源が推定される場合は、伝導が疑われる発生源のそれぞれ

■第1章　ノイズ実態の把握と対策

終端に LF（X、Y コンデンサ）とフェライトコアを挿入することで、どちらからの伝導か識別できる。ただし、推定外の機器からの放射（磁束結合）に注意が必要である。

(3) ノーマルモードノイズかコモンモードノイズかを識別する

①相間に対象としている周波数帯域で高周波的に短絡と見なされる容量の X コンデンサを挿入し、効果（変化）が認められる場合は、ノーマルモードノイズである。実験に用いた X コンデンサの残留電圧による感電に注意する。

②接地間に対象としている周波数帯域で高周波的に短絡と見なされる容量の Y コンを挿入（回路的に容認されれば実験的に短絡も考慮する）し、効果（変化）が認められる場合は、コモンモードノイズである。実験の際は、漏洩電流での感電と漏電ブレーカ動作に注意する。

　自分が問題視している周波数帯域を切り離す目的で、徹底的に通過させないフィルタを思考する。見極めだけであれば想定しうるすべてを徹底的に通過させないようにして、1 か所ずつ消去法で識別する。

　この場合の基本思考は、極端に言えば製品化できるかどうかはある程度除外する。

　要は何が原因なのかを徹底的に掴むべきである。

　EMI 対策の必要性を生じている以上、まず成すべきは原因の特定である。

　Cut & Try も否定はしないが、間違っていても良いので推定し、検証方法を自ら発想することが大切である。自分の推定はどうすれば検証できるか思案する。

　参考までに、当社独自の表現であるが、放射に対するシールドの層別について示す（図 1-26）。

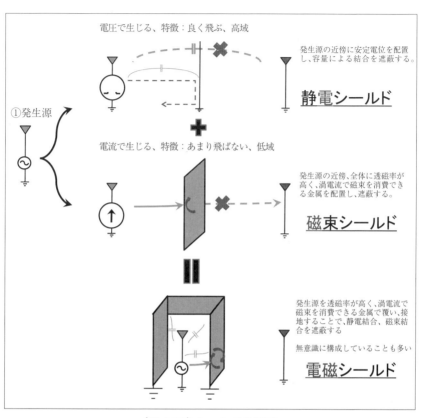

〔図1-26〕シールドの層別

■第1章　ノイズ実態の把握と対策

4．最後に

　対策は小さくピンポイントで実施することが重要である。$Q = C \times D$ である。

　ちなみにこの考えから $C = Q \div D$、$D = Q \div C$ とも考えられる。

　EMI はシミュレーションを含め、様々な取り組みがなされているが、技術者の個人ノウハウがまだ支配的である。残念ながら現時点ですべての EMI に確実に効果がある共通対策はない。

　本内容は私自身が諸先輩から指導を受けた内容や、個人の実務経験から得た内容が主であり、将来的に皆様が保有されるノウハウを含め、要素技術として確立されることを願っている。

　今回、このような貴重な機会を与えて下さった皆様に深く感謝を申し上げ、謝辞としたい。

第2章

障害事例と対策
電源の高調波対策

1. はじめに

スマートフォンが普及しクラウドに膨大なデータを蓄積するようになり、IT の消費電力は指数関数的に増大している。一般家庭においても、LED 照明、大型 TV、インバータエアコンなどの新しい電化製品が増える方向にある。更には電気自動車の普及に伴い大電力充電器なども増えていくと予測される。このような電子機器では電力変換効率が高いことからスイッチング電源が用いられる。スイッチング電源やインバータは高効率に電力変換が可能である反面、交流入力電圧を一旦直流に整流する必要がある。

図 2-1 に示すコンデンサインプット型整流回路は、最も簡単な整流回路であり広く使われている。図 2-2 (a) はコンデンサインプット型整流回路を採用しているワークステーションの入力電流波形である。交流入力電圧のピーク付近に集中して入力電流が流れている。この電流波形をフーリエ変換して周波数ごとの成分を観測すると図 2-2 (b) に示すように高調波成分を多く含むことがわかる。本章ではこのような高調波電流が系統に及ぼす影響と規制および対策について解説する。

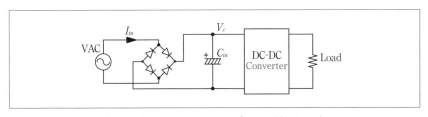

〔図 2-1〕コンデンサインプット型整流回路

■第2章　障害事例と対策

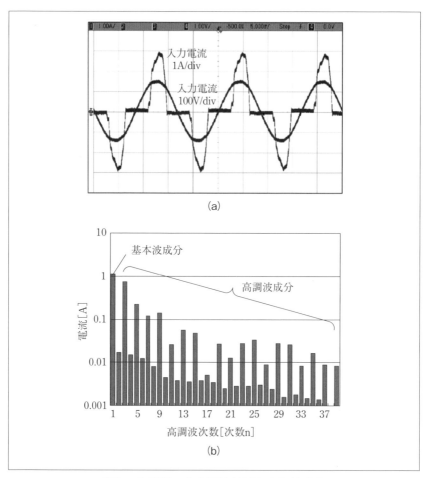

〔図2-2〕機器の入力電流波形と高調波成分

2. 高調波電流による障害と規制
2-1 コンデンサインプット整流方式

　白熱電球や交流モータなどの従来の電気設備では、商用周波数の交流電圧で動作するため、電力線に流れる電流も商用周波数成分がほとんどであった。一方、コンピュータで使用されるマイクロプロセッサやメモリ、LED照明で使用されるLED素子は直接商用交流電圧で駆動することができないため一旦整流素子とコンデンサで平滑して直流に変換してから、更にスイッチング電源で必要な直流電圧に変換する必要がある。このような場合は入力電圧がコンデンサの電圧を上回る期間のみ充電電流が流れることになる。

　このように短時間だけ入力電流が流れる場合の高調波成分を検討するために図2-3のようなモデルを考える。ここで電流は$-\pi/2$および$+\pi/2$の位置に導通区間θだけ流れるとする。この波形をフーリエ級数展開

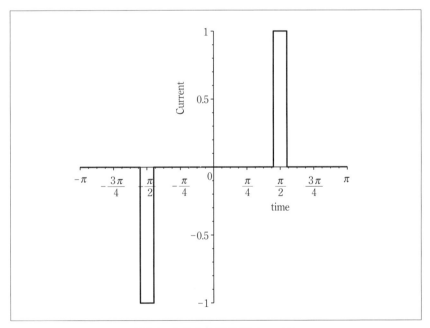

〔図2-3〕入力電流波形 $\theta = \pi/10$

■第2章　障害事例と対策

すると式 (2-1) のようにあらわされる。図 2-4 は 39 次までの高調波を合成した電流波形である。ここで基本波と高調波成分 15 次までの波形をプロットすると図 2-5 のようになり、高調波成分が大きいことがわかる。

$$f(x) = \frac{a_0}{2} + \sum_{n=1}^{\infty} (a_n \cos(nx) + b_n \sin(nx)) \quad \cdots\cdots (2\text{-}1)$$

ここで $a_0 = 0,\ a_n = 0,\ b_n = \dfrac{4}{n\pi}\left(\sin\left(\dfrac{n\pi}{2}\right)\sin\left(\dfrac{n\theta}{2}\right)\right)$

よって $f(x) = \dfrac{4}{\pi} \sin\left(\dfrac{\theta}{2}\right)\sin(x) - \dfrac{4}{3\pi}\sin\left(\dfrac{3\theta}{2}\right)\sin(3x)$

$\qquad\qquad + \dfrac{4}{5\pi}\sin\left(\dfrac{5\theta}{2}\right)\sin(5x) - \cdots \quad \cdots\cdots (2\text{-}2)$

2−2　障害事例

複数の機器から発生した高調波電流は、送電線に流出し送電線の抵抗

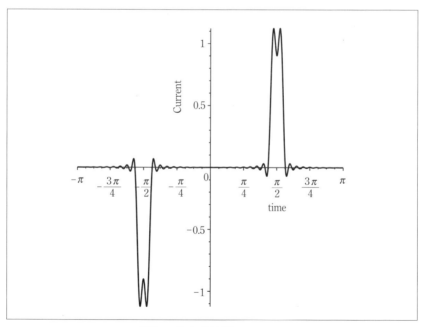

〔図 2-4〕合成波形 n=1〜39

成分によって電圧降下が発生することで電圧波形に歪みを生じさせる。電力系統に接続されているリアクトルや進相コンデンサに歪み波形が印加されると、異常音・振動・過熱・焼損等の重大な障害が生じてしまう。この様な障害が発生した際に、高調波電流の発生源は障害を受けた機器の近くにあるとは限らないため、発生源を特定することは困難である。このことが高調波障害の問題を複雑化している（図 2-6）。過去には公共施設の電力用リアクトルが焼損爆発するという事故が起きている。

主な高調波電流による障害を受ける機器とその内容について以下にしめす。

- 電力用リアクトルの過熱・焼損・寿命低下
- 進相コンデンサの異常音・振動・過熱・焼損・寿命低下
- 制御機器・計測機器の誤動作
- 開閉器・ブレーカ・漏電遮断器の誤作動

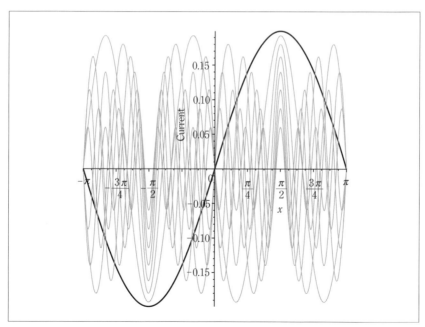

〔図 2-5〕基本波と 15 次までの高調波波形

■第2章　障害事例と対策

- 電子機器の入力ヒューズの遮断
- コンピュータの電源回路の過熱
- テレビ・オーディオ機器のノイズ障害
- モータの異常音・振動

またコンデンサインプット方式の機器の力率は0.4～0.7と低いため、実効電力に対する皮相電力が増加するので、配線容量の増大・契約アンペア数の上昇といった問題も発生する。

2－3　高調波電流規制

このように高調波電流による障害は社会基盤や家電製品のエレクトロニクス化が進むにつれ問題となり、1980年頃より国内外で検討が行われ、

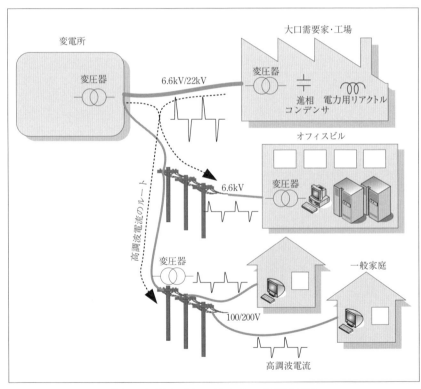

〔図2-6〕電力系統に流出する高調波電流

－ 32 －

1982年に国際電気標準会議（International Electro-technical Commission）が
IEC 60555-2 を制定した。日本国内では、通商産業省資源エネルギー庁
長官の私的懇談会「電力利用基盤強化懇談会（高調波問題専門委員会）」
が1987年に報告書を作成し、そこでは「商用電力系統の高調波環境目
標レベルとしては、総合電圧歪み率において6.6kV配電系5%及び特高
系3%が妥当である。」とされた。これを受けて1994年に「家電・汎用
品高調波抑制対策ガイドライン」が発行された。IECにおいても改訂が
なされ、最新の高調波規格はIEC 61000-3-2に規定されている。（最新版
はIEC 61000-3-2Amd.1 Ed3（2008-3）である。）国内おいては2004年に上
記ガイドラインが廃止され、IEC規格に対応するJIS C 61000-3-2:2005-03
が発行された。

　図2-7にIEC 61000-3-2の適用範囲とクラス分けについて示す。クラス
Dはパソコン、パソコン用モニタ、テレビのためのクラスであり、消費
電力が小さく高調波電流の発生量は少なくても台数が多いため電力系統
に大きな影響を及ぼす機器である。この様な機器にはより厳しい限度値
が設定され、高調波電流の総量抑制を図っている（図2-8）。

■第2章　障害事例と対策

適用範囲
「公共低電圧配電系に接続される、相あたり
入力電流16A以下の電気電子機器」

機器のクラス分け

クラスA　・平衡三相機器
　　　　　・白熱電球用調光器
　　　　　・他のクラスに属さない機器

クラスB　・手持ち形電動工具
　　　　　・専門家用でないアーク溶接機

クラスC　・照明機器

クラスD　有効電力600W以下である次の機器
　　　　　・パソコンとパソコン用モニタ
　　　　　・テレビ

適用範囲内の機器で以下のものは試験を行うこと無しに規格
に適合する。
● 定格電力75W以下の機器（照明器具を除く）
● 全定格電力が1kWを超える専門家用機器
● 定格電力200W以下の対象制御された過熱要素
● 定格電力1kW以下の白熱電球用独立型調光器
専門家用機器とは、一般に販売しない機器である。
上記に当てはまらない機器はクラスに分類し試験を行い規格
適合を判定する。
JIS C 61000-3-2ではクラスD機器にインバータ冷蔵庫を含む。

〔図2-7〕IEC 61000-3-2

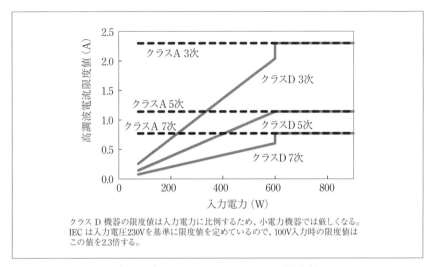

クラス D 機器の限度値は入力電力に比例するため、小電力機器では厳しくなる。
IEC は入力電圧230Vを基準に限度値を定めているので、100V入力時の限度値は
この値を2.3倍する。

〔図 2-8〕クラス A とクラス D の限度値

3．高調波対策の種類

　高調波電流の対策も低周波の EMC の観点から適合性を考えることが有効である。したがって障害を受ける側の許容値が、発生側の限度値を上回るように設計されなければならない。障害を受ける側では高調波耐量の高いコンデンサ、リアクトルの設置を進めているが、根本的な対策は発生側での抑制である。ここでは一般電子機器、およびコンピュータ機器等に適した対策について説明する。以下に示す高調波電流対策回路は力率も改善できることから PFC（Power Factor Correction）または PFHC（Power Factor Harmonics Correction）と呼ばれている。

　高調波電流の抑制対策回路はパッシブフィルタ方式とアクティブフィルタ方式に大別される。パッシブフィルタ方式は半導体などの能動素子を使用しない方式で、主に平滑回路にインダクタを挿入したチョークインプット方式整流回路が用いられる。入力電流の導通角を広げ高調波電流を低減することが可能である。しかしながら、低周波チョークコイルはインダクタンスを確保するために形状が大きく重いという問題があり、単相交流では用途が限られる。アクティブフィルタ方式は、スイッチング素子による PWM 制御等を行い入力電流の導通角を広げ高調波を低減する方式で、非絶縁形コンバータを用いる方式と絶縁形コンバータを用いる方式に分けられる。図 2-9 は最も一般的に用いられている非絶縁形昇圧コンバータ方式であり、この方式を用いた場合は後段に DC-DC コンバータを接続して負荷側に供給する低電圧を得ている。図 2-10 のように昇圧コンバータ方式は昇圧インダクタ電流の導通モードにより

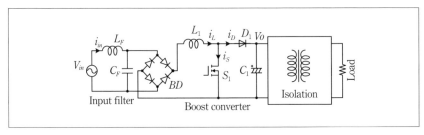

〔図 2-9〕昇圧コンバータ方式高調波対策回路

3種類に分類できる。以下にそれぞれの特徴を示す。インダクタ電流連続モードついては次項で詳細な解析を示す。

インダクタ電流連続モード（Continuous Conduction Mode）

昇圧インダクタ電流の変化幅が小さく、入力電流の高周波リップル成分を小さくできるため中容量以上に適する。入力電圧にインダクタ L_1 の平均電流が比例するようにスイッチ S_1 の時比率を制御する。ダイオード D_1 の逆回復時間の影響により、サージ電流がスイッチ S_1 のターンオン時に流れ効率低下や高周波ノイズ発生の問題を生じさせる。この問題に対処するためのスナバ回路やソフトスイッチング回路が数多く考案されている。近年では極めて高速なシリコンカーバイトダイオード

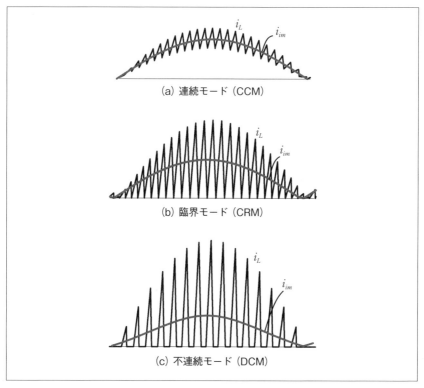

〔図2-10〕昇圧コンバータ方式インダクタ電流導通モード

■第2章　障害事例と対策

(SiC diode) が実用化され昇圧形アクティブフィルタの高効率化に寄与している。

インダクタ電流臨界モード（Critical Mode）

　境界モードはインダクタの電流がゼロになるポイントを検出し次のスイッチングサイクルを開始させる。スイッチ S_1 のオン時間 T_{on} を入力交流サイクル内で一定に制御すると入力電流波形のピーク値は入力電圧波形に比例し力率1が達成できる。ダイオード D_1 はゼロ電流で切り替わり、リカバリー電流は流れずソフトスイッチングが行われるため、高効率と低ノイズが両立できる[5]。但し昇圧インダクタのピーク電流は入力電流の2倍になるため、入力電流の高周波リップルが大きいという問題がある。

インダクタ電流不連続モード（Discontinuous Conduction Mode）

　インダクタの電流がスイッチングサイクルの後半でゼロになるようにインダクタの値と動作周波数を選定し、スイッチ S_1 のオン時間 T_{on} を入力交流サイクル内で一定に制御する。出力電圧の平均値のみを制御に用いるため、入力電圧およびインダクタ電流を検出する必要がなく回路が簡素に出来る。この場合力率は1とならないが、高調波規制に適合することは可能である。インダクタ電流のピークは入力電流の2倍以上となるため高周波リップルが最も大きくなるため主に小容量用途に限定される。

4．インダクタ電流連続モード PFC コンバータ

図2-9 に示した昇圧コンバータ回路についてインダクタ電流連続モードの動作を説明する。

4－1　動作解析

解析には各素子の導通抵抗を考慮した図2-11 に示す解析モデルを用いる。

スイッチ S_1 がオン状態におけるインダクタ電流 i_L、出力キャパシタ C_1 の電圧 v_C および出力電圧 v_o は式 (2-3) のように表される。

$$\begin{cases} \dfrac{di_L}{dt} = -\dfrac{r_L+r_s}{L}i_L + \dfrac{V_{in}}{L} \\ \dfrac{dv_C}{dt} = -\dfrac{\alpha}{RC}\alpha v_C \\ v_C = \alpha v_C \end{cases} \quad \cdots\cdots\cdots\cdots\cdots\cdots \text{(2-3)}$$

スイッチ S_1 がオフ状態の場合も同様に式 (2-4) で表される。

$$\begin{cases} \dfrac{di_L}{dt} = -\dfrac{r_L+r_D+\alpha r_C}{L}i_L - \dfrac{\alpha}{L}v_C + \dfrac{V_{in}}{L} \\ \dfrac{dv_C}{dt} = \dfrac{\alpha}{C}i_L - \dfrac{\alpha}{RC}v_C \\ v_O = \alpha r_C i_L + \alpha v_C \end{cases} \quad \cdots\cdots\cdots\cdots \text{(2-4)}$$

ここで、$\alpha = R/(R+r_C)$ である。スイッチ S_1 のオン状態時比率を D、オフ状態時比率を $1\text{-}D$ として次のように平均化状態方程式 (2-5) を得る。

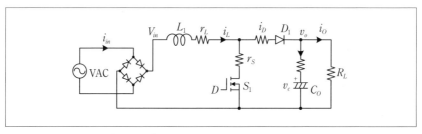

〔図2-11〕昇圧コンバータ解析用モデル

― 39 ―

■第2章　障害事例と対策

$$\frac{d\hat{x}}{dt} = A X + b V_{in} \quad \cdots\cdots\cdots\cdots\cdots\cdots\cdots\cdots\cdots\cdots \quad (2\text{-}5)$$
$$\hat{v}_O = c\hat{X}$$

ここで、

$$\hat{X} = \begin{bmatrix} i_L \\ v_C \end{bmatrix} \quad A = \begin{bmatrix} -\dfrac{r_\gamma(1-D)\alpha r_C}{L} & -\dfrac{(1-D)\alpha}{L} \\ \dfrac{(1-D)\alpha}{C} & -\dfrac{\alpha}{RC} \end{bmatrix} \quad b = \begin{bmatrix} \dfrac{1}{L} \\ 0 \end{bmatrix}$$

$$c = [(1-D)\alpha r_C \ \alpha] \quad \cdots\cdots\cdots\cdots \quad (2\text{-}6)$$
$$r_\gamma = D r_S + (1-D) r_D + r_L$$

　式 (2-5) の左辺を 0 として $\hat{X}$ について解くと静特性を得る。出力電圧 V_O と出力インピーダンス Z_O について以下に示す。入力電圧が低く時比率 D が大きくなると Z_O は急激に増加するので、効率改善には内部インピーダンスの低減が大きく寄与する。

$$V_O = \frac{V_{in}}{(1-D)} \frac{1}{1+\dfrac{Z_O}{R}} \quad \cdots\cdots\cdots\cdots\cdots\cdots\cdots\cdots \quad (2\text{-}7)$$

$$Z_O = \frac{r_\gamma}{(1-D)^2} + \frac{D}{1-D}\alpha r_C \quad \cdots\cdots\cdots\cdots\cdots\cdots\cdots \quad (2\text{-}8)$$

　次に交流入力の解析を行う。PFC コンバータの平均入力電力 $\bar{P}_{in}$、入力電圧の実効値を V_{rms} とし力率を 1.0 と仮定すると、入力電圧、入力電流および入力電力は次式で表される。

$$V_{in}(t) = \sqrt{2}\,V_{rms}\sin(\omega t) \quad \cdots\cdots\cdots\cdots\cdots\cdots\cdots \quad (2\text{-}9)$$

$$I_{in}(t) = \sqrt{2}\,\frac{\bar{P}_{in}}{V_{rms}}\sin(\omega t) \quad \cdots\cdots\cdots\cdots\cdots\cdots \quad (2\text{-}10)$$

$$P_{in}(t) = \bar{P}_{in}(1-\cos(2\omega t)) \quad \cdots\cdots\cdots\cdots\cdots\cdots \quad (2\text{-}11)$$

時比率は式 (2-7) より $Z_O \ll R$ とすれば以下のように表される。

－ 40 －

$$D(t) = \frac{V_O - |V_{in}(t)|}{V_O} \quad 1 - \sqrt{2}\,\frac{V_{rms}}{V_O}|\sin(\omega t)| \quad \cdots\cdots\cdots\cdots\cdots \text{(2-12)}$$

　式 (2-11) で表される入力電力は 1/2 サイクル毎にゼロになる。一方出力電力は $P_O = V_O^2/R_L$ であるから、出力電圧 V_O のリップルが十分小さければ一定値である。よって昇圧コンバータの出力電力は $0 \sim 2P_O$ まで変化していることより、昇圧コンバータ側からは出力コンデンサを含む等価負荷抵抗が変化していると見なすことが出来る。この時の等価負荷抵抗 R_e を式 (2-13) に示す。

$$R_e(t) = \frac{V_O^2}{P_{in}(t)} = \frac{R_L}{1 - \cos(2\omega t)} \quad \cdots\cdots\cdots\cdots\cdots\cdots\cdots \text{(2-13)}$$

同様にスイッチングサイクルの出力電流は式 (2-14) になる。

$$I_O(t) = \frac{V_O}{R_e(t)} = I_{Load}(1 - \cos(2\omega t)) \quad \cdots\cdots\cdots\cdots\cdots\cdots \text{(2-14)}$$

　出力インピーダンス $Z_O(t)$ は式 (2-8) に $D(t)$ を代入して求めることができる。コンバータの内部損失は $P_{LOSS}(t) = I_O(t)^2 Z_O(t)$ で表される。出力キャパシタのリップル電圧の低周波成分は式 (2-15) で求められる。

$$V_{Cripple} = \frac{1}{C_O}\int\left(\frac{V_O}{R_L} - I_O(t)\right)dt \quad \cdots\cdots\cdots\cdots\cdots\cdots \text{(2-15)}$$

4－2　制御方式

　PFC コンバータは出力定電圧特性と高調波電流抑制を両立させるために、出力電圧の平均値と入力電流の瞬時値の双方を制御する必要がある。しかしながら昇圧コンバータの操作量入力は時比率だけなので、制御帯域を分離することで相互に不干渉になるようにし、時比率フィードバックで出力電圧と入力電流の双方を制御可能にする。電流連続モード昇圧コンバータをアベレージカレントモードで制御する場合の制御回路を図 2-12 に示す。出力電圧と目標値の差を電圧帰還位相補償回路に入力

する。ここでは出力電圧の交流入力周波数リップル成分を十分に減衰させ、DCで必要な増幅率をもつ積分器を使用する。乗算器は入力電圧瞬時値と相似な電流基準を生成するために、出力電圧フィードバック回路の出力とブリッジの整流後電圧の積を生成する。入力電流の実効値は入力電圧に反比例するが、乗算器のx端子電圧は入力電圧に比例するため、電流ループの基準である乗算器の出力は目標電流値にたいして大幅に変動し位相補償困難にする。そこで入力電圧実効値の2乗を除算することで入力電圧の変動を補正し、ワールドワイド入力においても安定に動作させることを可能にする。

　入力電流を低抵抗またはカレントトランスで検出し乗算器出力と比較することで、入力電流を正弦波状に整形し高調波電流を抑制する。主にPFCコンバータの後段には絶縁型DC-DCコンバータが接続され、負荷装置に電圧を供給する構成をとる。この場合、DC-DCコンバータとのスイッチング周波数同期、DC-DCコンバータのレギュレーション可能最低電圧と昇圧コンバータ出力コンデンサ容量の最適化、保護回路の連係動作等を考慮し、全体の最適化を図る必要がある。

　図2-13にインダクタ電流連続モードPFCコンバータの入力電流波形を示す。入力電流は入力電圧と相似形に制御され、高調波成分が抑制されていることがわかる。

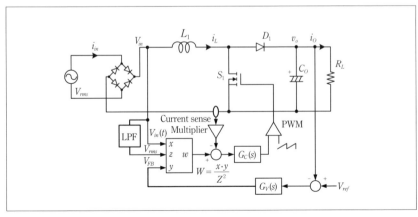

〔図2-12〕昇圧コンバータアベレージカレントモード制御

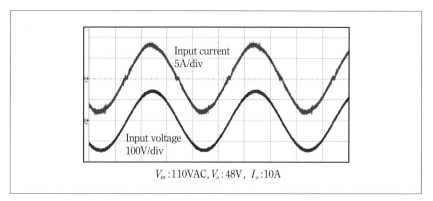

〔図 2-13〕PFC コンバータの入力電流波形

5．デジタル制御方式

　PFCコンバータの出力電圧、入力電圧、インダクタ電流をADコンバータでデジタル値に変換すれば、デジタル演算によって制御量を求めることが可能になる。アナログ制御回路の伝達関数は双一次変換を用いてZドメインに変換することで、デジタル制御系に置き換えることができる。図2-14にデジタル制御PFCコンバータの制御ブロックとタイミングチャートを示す。G_{s1}、G_{s2}はそれぞれ電圧制御ループ、電流制御ループの位相補償演算部である。アナログ制御ではインダクタ電流の平均値を得るために電流センス抵抗を用いるが、デジタル制御ではADコンバータのサンプリングポイントをオンパルス幅の中心にすることで、インダクタ電流の平均値を得ることができる。この場合は一周期にわたって電流をセンスする必要がないので、カレントトランスが使用できるため電流センス抵抗の損失を低減できる。

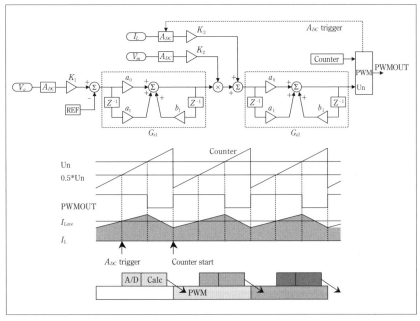

〔図2-14〕PFCデジタル制御

またソフトウェアを用いたデジタル制御方式では以下のような制御を行うことでアナログ方式では困難な高機能が実現可能になる。

・電流連続モードから不連続モードに切り替わった場合に制御パラメータを最適に変更する。
・入力電圧により掛け算器のゲインを自動調整する。
・インダクタなどの部品誤差を吸収し電力変換効率を最大化する。
・発振周波数に変調をかけてノイズのスペクトラムを分散させる。
・自己診断機能や通信機能を容易に実装できる。

今後はマイクロコントローラやDSPが安価になることでデジタル制御が普及し、PFCコンバータもより高機能になると期待されている。

6. ブリッジレス PFC コンバータ

社会全体の省エネルギー要求や CO_2 削減要求により PFC コンバータの電力損失は極力低減しなければならない。図 2-9 に示す昇圧コンバータ回路ではブリッジダイオード (BD) で整流しているためダイオードの電圧降下による損失が問題となる。100VAC 入力においては PFC コンバータ損失の 25-30% をブリッジダイオードの損失が占めるため、これを低減するブリッジレス PFC コンバータが提案されている。図 2-15 に各種ブリッジレス PFC コンバータの一例を示す。回路によっては EMI ノイズの増加が生じる場合があるので、昇圧コンバータのスイッチとフレームグランドとの寄生容量に配慮する必要がある。

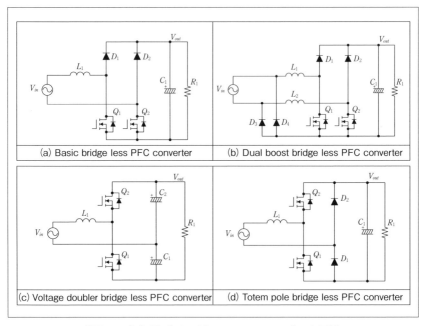

〔図 2-15〕各種ブリッジレス PFC コンバータ回路

7．おわりに

　電子機器から発生する高調波電流は、商用周波数で動作する受配電設備の電圧を歪ませることで障害を発生させることが報告されている。この様な障害を回避するために高調波電流規制が設けられ電子機器側での対策が必須となっている。

　スイッチング電源においては最も一般的な高調波電流対策である電流連続モード昇圧コンバータ方式について、状態平均化法を用いて回路パラメータを解析した。制御については出力電圧の誤差量に入力電圧瞬時値を乗じた値をインダクタ電流の基準値とする二重ループ制御を行うことで、入力電流の整形と出力電圧の安定化を図っている。

　近年 SiC や GaN などの化合物半導体が実用化され、ブリッジレス PFC コンバータに採用することで 98% 以上の高効率が実現できるようなってきた。デジタル制御の採用と相まって PFC コンバータは更に高効率・低ノイズ・高機能に発展していくと考える。

第3章

ノイズ源の把握から行う対策
交流電源系における
ノイズの基礎知識と対策手法について

1. はじめに

　近年、製造装置・制御装置・検査装置などは、小型化・高性能化・省電力化が進み、各制御信号は高速化し動作電圧も低くなってきている。そのため、ノイズの影響を受けやすい傾向にあるが、制御プロセスが非常に複雑になってきているため、ノイズトラブルの要因が探りにくく、ノイズ対策を実施することが難しくなってきている。

　本章においては、1983 年に発足して以来、様々なノイズトラブルについてご相談をお受けし、その解決に向けて活動してきたノイズトラブル相談室の経験をベースに、交流電源系におけるノイズの種類や特性、対策の手法などについて、現場でのトラブルシューティングを実施する視点で、少しでもわかりやすい表現を用いて紹介していきたい。

2. 電源ノイズの種類

電源ラインに起因したトラブルの要因は、一口に「電源ノイズ」と括られることが多いが、その電圧波形（Waveform）には様々な種類がある。ここでは、交流電源系における外乱要因について、波形により分類しその特徴を紹介する。

2−1 停電（図3-1）
(1) 落雷に伴う地絡事故など、受変電設備側の要因が多い
(2) 同じ系統に接続されている負荷機器の短絡（ショート）事故や漏電に伴って受変電設備のブレーカがトリップしていることもある
(3) 停電時には、単純に電力が途絶えるだけでなく、後述する高周波ノイズが同時に発生するケースが多い

2−2 瞬時停電（図3-2）
(1) 同じ系統に接続されている負荷機器の電源をONにした際に流れる突入電流や、サーボ機器や溶接機器などが大電流を取り込む際に、瞬間的に受変電設備が容量不足に陥ることにより発生することがある
(2) 受変電設備側の経年劣化に伴う接触不良や断線により発生することもある

2−3 周波数変動（図3-3）
(1) 主に発電所側などの電力供給源側に問題があることが多い
(2) 簡易的な発電機などを使用している場合に発生することがある

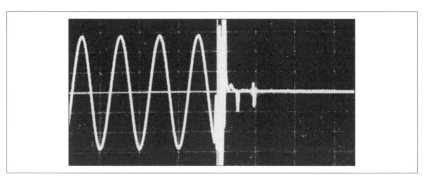

〔図3-1〕停電

２－４　電圧変動（図 3-4～3-6）
(1) 送電系統の地絡事故に伴うものや、受変電設備の容量不足、機器が取り込む大電流によるラインドロップが要因となることが多い
(2) 負荷の動作がシーケンス制御（ON/OFF 制御）になっている場合などは、その動作に連動して急激な電圧変動が発生することもある
(3) 工場など施設内の機器の稼働状態が、朝方・昼間・夜間で異なるような場合に、非常にゆっくりとした電圧変動を起こすことがある
(4) 単相供給の N 相の断線事故や、三相ラインから単相供給する際の相電圧のアンバランスによって発生することもある

２－５　高調波（図 3-7)
(1) 高調波は「基本波（50/60Hz）の整数倍の周波数」で、一般的に 40 次（50Hz 地域では 2kHz）程度までを測定対象とすることが多い

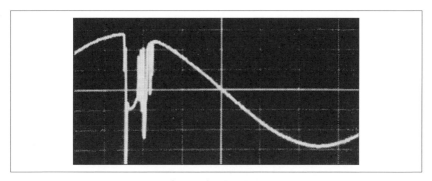

〔図 3-2〕瞬時停電

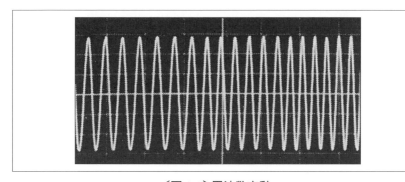

〔図 3-3〕周波数変動

■第3章 ノイズ源の把握から行う対策

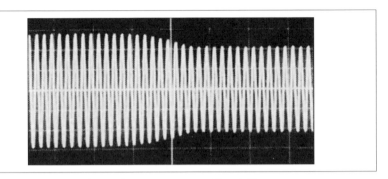

〔図3-4〕ゆっくりとした電圧変動

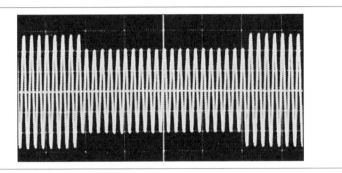

〔図3-5〕サージ・サグ

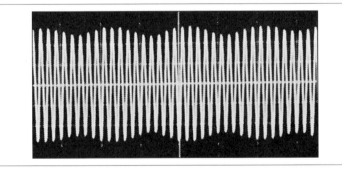

〔図3-6〕フリッカ

(2) 実際の電源ラインでは、低次の奇数高調波の第3・第5・第7・第9高調波（50Hz地域では150Hz・250Hz・350Hz・450Hz）が観測されることが多い
(3) 様々な次数の高調波が重畳して、複雑な波形歪みを生じていることが多い

2－6　電圧ノッチ（図3-8）
(1) 主に大型の照明設備や電気炉のヒータなど、サイリスタ利用機器の位相制御に伴い発生することが多い
(2) 周波数は2kHz～8kHz程度であることが多く、急激にゼロボルトまで立ち下がる切り込み状の波形（ゼロレベルディップ）を伴うことが大きな特徴である

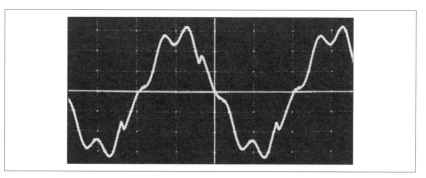

〔図3-7〕高調波

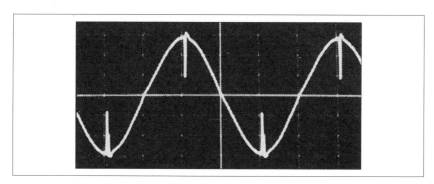

〔図3-8〕電圧ノッチ

2-7　高周波ノイズ（図3-9）

(1) 交流電源系においては、10kHz以上の周波数のノイズを指すことが多い
(2) 近年では、電子機器の動作に多大な被害を与える非常に厄介な外乱要因である
(3) 雷サージも高周波ノイズと同様に、高い周波数帯域を含む外乱要因である。直撃雷だけでなく、遠方での落雷でも、機器を破壊するような電圧レベルの高いサージが現れることがある

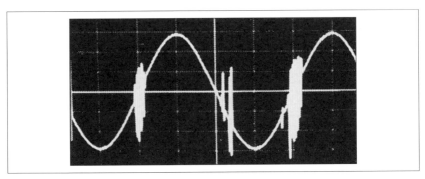

〔図3-9〕高周波ノイズ

3. 一過性のノイズと連続性のノイズ

電源ラインで観測されるノイズ波形は、その発生メカニズムにより、波形に顕著な特徴が現れるケースが多い。ここでは、特徴的なノイズとその発生メカニズムの一例を紹介する。

3-1 一過性のノイズ

リレーやマグネットコンタクタ、MCCB（過電流ブレーカ）やELB（漏電ブレーカ）などメカニカルな接点を持つ開閉器が動作すると、図3-10に示すような開閉サージと呼ばれる電圧レベルの高い一過性のノイズが発生する。

開閉サージは、「シャワリングノイズ」と呼ばれることもあり、1回の接点の動作で複数の高周波ノイズを発生する。この高周波ノイズは、負荷機器がインダクタンス（L回路）の場合、接点が開く（OFF）際に徐々に電圧レベルが増加する波形上の特徴がある。また、負荷機器がキャパシタンス（C回路）の場合には、接点が閉じる（ON）際に電圧レベルの高い開閉サージが発生する特徴がある（図3-11）。

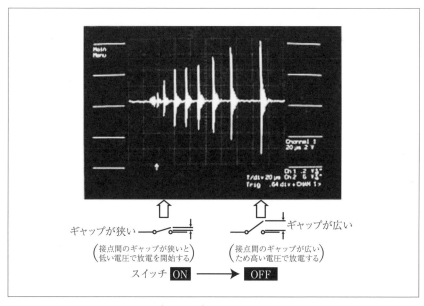

〔図3-10〕開閉サージ

■第3章　ノイズ源の把握から行う対策

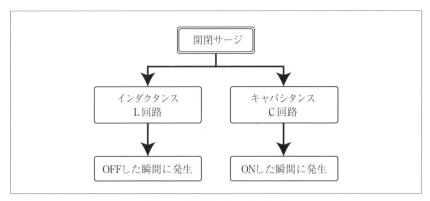

〔図3-11〕開閉サージの特徴

3－2　連続性のノイズ

　スイッチングレギュレータ（スイッチング電源・直流電源・AVRなどと呼ばれることが多い）やPWM（Pulse Width Modulation）インバータなどは、自身が動作している間、連続的にノイズが発生する。例えば、PWMインバータはパルス幅変調（矩形波のONとOFFの比率を変える）を用いた制御をしており、図3-12に示すように、矩形波の立ち上がりや立ち下がり箇所で、数百kHz～数十MHzの高周波ノイズが発生する。このため、インバータ動作時に自身の受電ラインで観測される高周波ノイズは、その繰り返し周期がインバータのキャリア周波数と一致する特徴がある。

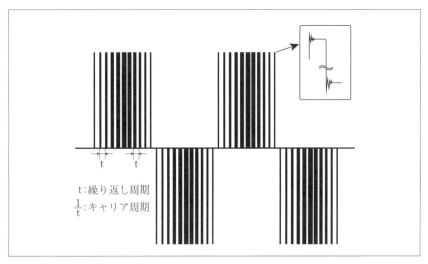

〔図 3-12〕PWM インバータ出力波形

4. ノイズの伝搬径路とループ

トラブルシューティングを検討するうえで、ノイズの伝搬径路を把握することは非常に重要である。ここでは、ノイズの伝搬径路について「ループ」という概念をもとに紹介する。

4-1　ラインノイズと放射ノイズ

ノイズの伝搬径路を大きく分類すると、図3-13に示すように、電力線・信号線・アース線などのワイヤや建屋の鉄骨などの導体を伝わるラインノイズと、電磁界によって空中を伝播する放射ノイズに分類できる。ラインノイズに対してはアイソレーション、放射ノイズに対してはシールドが非常に効果的な対策となる。また、共通の対策として後述するグランドの強化も重要になる。

4-2　ノイズとループ

ラインノイズは、ノーマルモードノイズ（ディファレンシャルモードノイズ）とコモンモードノイズに分類される。一方、放射ノイズを考えるときには、ノーマルモードループやコモンモードループ、そしてアース線や信号線などで形成されてしまうグランドループなどの「ループ」という概念が重要になる。

図3-14に示すように、ループが存在することにより、ノイズを放射したり、ノイズの誘導を受けたりすることになる。ノイズトラブルが発

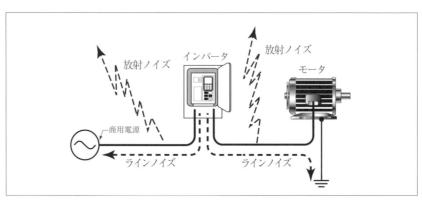

〔図3-13〕ラインノイズと放射ノイズ

生している現場では、これらのループの状況を具体的に把握していくことが非常に重要なポイントになる。特に、コモンモードループやグランドループなどは、その面積が広いことや多数のループが複雑に混在していることが多いので注意が必要である。

4−3　ケーブルのツイスト

　放射ノイズの影響を受けにくくするための対策として、信号線や電力線をツイストする方法がある。図3-15に示すように、ケーブルをツイストすることにより、外来電磁波（放射ノイズ）により発生した誘導電流を打ち消すことができる。

　しかし、単純に二線だけをツイストした場合に、打ち消し合いの効果

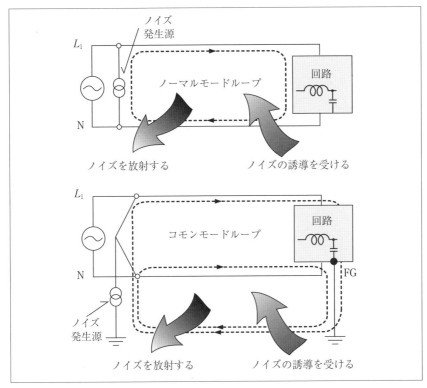

〔図3-14〕ノイズとループ

が表れるのはノーマルモードループに対してだけである。そのため、いくら信号線や電力線をツイストしても、コモンモードループやグランドループに対しては、誘導電流の打ち消し合いの効果は望めない（図3-15）。ノイズトラブルが発生している現場では、このコモンモードループやグランドループでノイズの誘導を受けているケースが非常に多い。

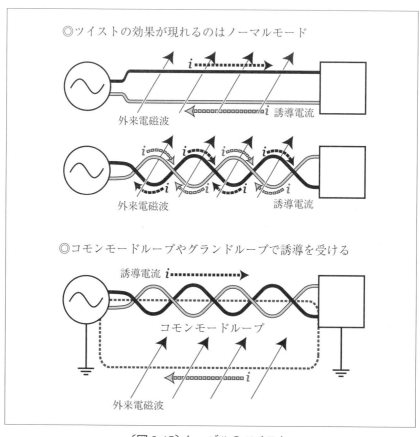

〔図3-15〕ケーブルのツイスト

5. ノイズ対策を失敗しないために

様々なノイズトラブルについてのご相談を受けていると「ノイズ対策は、どこから手をつけたら良いのかわからない」「自分たちで色々と対策しているが、トラブルが改善されない」という話を伺うことが多い。ここでは、現場レベルにおけるトラブルシューティングに対する考え方の一例を紹介する。

5-1 「たぶんノイズだろう」

ノイズは、概ね一過性で再現性が得にくい上に、不規則な現象であることが多い。また、正しく現象を把握することが大変難しいために「たぶんノイズだろう」という思いから、試行錯誤のノイズ対策を繰り返すことが多い（図3-16）。

過去の相談者の声を思い返してみると、ノイズ対策を失敗する要因として、次に示すような例がある。

(1) 何をどこから調べれば良いのかわからない
　→原因究明不足による誤認

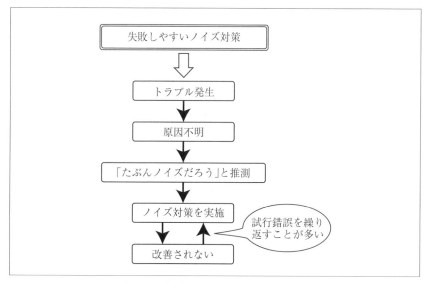

〔図3-16〕失敗しやすいノイズ対策

■第3章　ノイズ源の把握から行う対策

(2) ノイズ波形がうまく観測できない

　→高調波と高周波の判別ミス

(3) どこからノイズが侵入しているのかわからない

　→ノイズの伝搬径路に対する認識不足

(4) とにかく接地（アース）にノイズを逃がしたい

　→接地（アース）に依存した対策

　ノイズ対策を失敗しないためには、現象をしっかり見極めることが非常に大事である。「たぶん〜だろう」「前はこうやったらうまくいった」というような考え方は非常に危険である。まずは、トラブルが何に起因して発生しているのかを調査し、原因を究明（事実関係や実際に発生していることを正しく把握）する必要がある。次に、EMI（エミッション／電磁波障害）による障害要因なのか、それ以外の障害要因なのかを切り分けることが大事である（表3-1）。

5－2　偶発的なノイズトラブル

　トラブルが何に起因しているのかを探るにあたり、非常に厄介な問題点がある。それは、ノイズトラブルの再現性が得にくいということである。例えば、マグネットコンタクタが動作するたびに、近くに設置されている位置検出センサでエラーが発生する事例のように、ノイズ発生源と被害装置が明確に1対1の関係であれば非常にわかりやすい。しかしながら、トラブルが1ヶ月に1度しか発生しないような場合や、トラブルが発生するタイミングが不規則で再現性がないような場合は、ノイズ発生源が複数存在しているケースが多い。

　例えば、スイッチング電源（ノイズ発生源A）が動作すると、近隣に

〔表3-1〕障害要因の切り分け

EMIによる障害要因	EMI以外の障害要因
高周波ノイズ	プログラムミス
静電気	オペレーションミス
雷サージ	温度や湿度などの影響
瞬時停電	接触不良・機械的ストレス
電圧変動（サージ・サグ・フリッカ）	部分的な老朽化や劣化
ケーブルやトランスから漏れる磁力線	その他の外乱（コンピューターウィルスなど）

－ 64 －

設置されている 5V のパルス信号を使用して ON/OFF 制御をしているシーケンサ（被害装置）の信号波形に 2V の高周波ノイズが重畳すると仮定する。同様に、インバータ（ノイズ発生源 B）動作時には 3V、マグネットコンタクタ（ノイズ発生源 C）動作時には 4V の高周波ノイズがそれぞれ信号波形に重畳すると仮定する。図 3-17 に示すように、これらノイズ発生源 A・B・C のいずれか 2 つ以上が偶然にも同時に動作し、信号波形に重畳した高周波ノイズの位相と極性が運悪く一致してしまうと、それぞれのノイズレベルが合成される。そのため、ノイズレベルが誤動作レベルを超えてしまい、トラブルが発生する。

たとえ、個々に発生している機器のノイズレベルが被害装置の誤動作レベルに満たない場合であっても、ノイズ発生源を突き止めてノイズが流出しないような対策や被害装置の信号線に対して外来ノイズの影響を受けないような対策をするなど事前に対処することにより、1 か月に 1 度しか発生しないような偶発的なトラブルでも防止することが可能である。

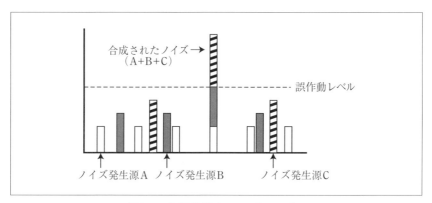

〔図 3-17〕偶発的なノイズトラブル

■第3章　ノイズ源の把握から行う対策

6．ノイズ対策の三要素

　ノイズ対策の手法は、そのトラブルの背景や状況によって千差万別である。しかし、実際のトラブル現場では、早急に解決を求められることが多い。ここでは、数あるノイズ対策の手法の中から、確実性の高いノイズ対策の三要素について紹介する。

6－1　適切なラインノイズ防止素子の使用

　一口にラインノイズ防止素子といっても、様々な種類があるが、大別すると図3-18に示すように、非アイソレーション形とアイソレーション形に分類することができる。

　非アイソレーション形のラインノイズ防止素子には、次のような特徴がある。

(1) 素子自体が小型で容易に取り付けることができ、比較的安価なものが多い

(2) 対応するノイズの周波数帯域や挿入する回路のインピーダンスとの整合を考慮する必要がある

　アイソレーション形のラインノイズ防止素子には、次のような特徴がある。

(1) 広い周波数帯域にわたり入力と出力が分離絶縁されるため、装着相手の回路定数と合成されにくく、ノイズ防止効果が左右されにくい

(2) 装着相手の回路に干渉を与えることが少ないため、それぞれの動作による相互干渉を防ぐことができる

(3) コモンモードループなどの不要なループを切る（開路する）ことができるため、誘導障害を防止することができる

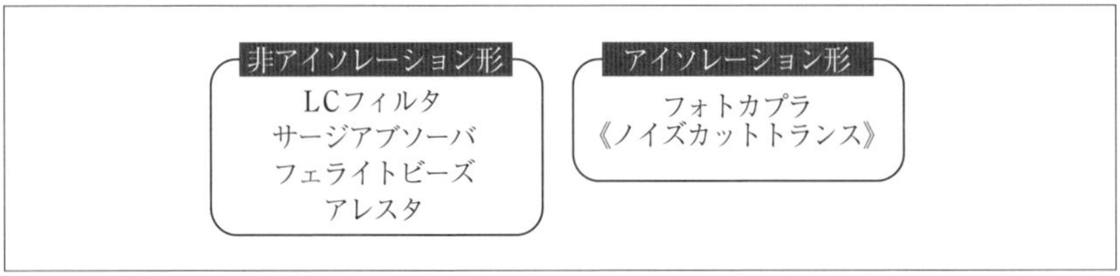

非アイソレーション形	アイソレーション形
LCフィルタ サージアブソーバ フェライトビーズ アレスタ	フォトカプラ 《ノイズカットトランス》

〔図3-18〕ラインノイズ防止素子の例

－ 66 －

(4) 設置スペースやコストを考慮する必要がある

このように、ラインノイズ防止素子を選定する際には、それぞれの長所や短所を理解して、適切に用いることが重要である。

６－１－１　アイソレーショントランス

電線路は大別すると信号ラインと電源ラインに分類される。ノイズ対策を実施するためのアイソレーション素子として、信号ラインにおいてはフォトカプラ（光結合）、電源ラインにおいてはアイソレーショントランス（磁気結合）を用いるのが一般的である。光結合によるアイソレーションは効果が得られやすいが、磁気結合によるアイソレーションは、電気と磁気とが常に密接して結合しているため、高周波ノイズを確実に防止するために、次に示す３つの結合を同時に絶ち切る必要がある。

(1) 静電容量による結合（図 3-19）

１次コイルと２次コイルを絶縁して巻き分けることにより、直流成分はアイソレーションされるが、コイル間には静電容量が存在するため、主にコモンモードノイズが２次側に伝搬してしまう。

(2) 鉄芯による結合（図 3-20）

鉄芯の周波数特性（透磁率）によっては、トランス本来の作用である

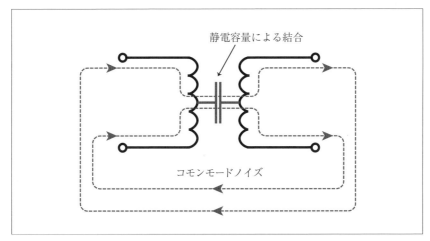

〔図 3-19〕静電容量による結合

■第3章 ノイズ源の把握から行う対策

電磁誘導の結合により、主にノーマルモードノイズが2次側に伝搬してしまう。

(3) 空芯による結合（図3-21）

　1次コイル（2次コイル）から発生した高周波の磁力線が鉄芯内を通過せずに、2次コイル（1次コイル）に直接鎖交すると、空芯による結合で電磁誘導し、主にノーマルモードノイズが2次側（1次側）に伝搬してしまう。

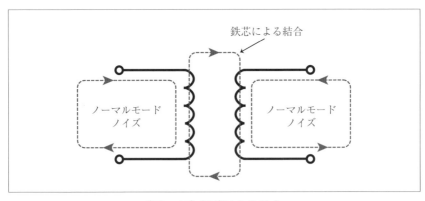

〔図 3-20〕鉄芯による結合

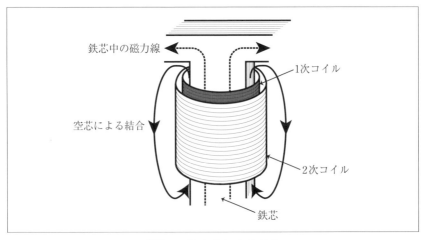

〔図 3-21〕空芯による結合

- 68 -

6−1−2　障害波遮断変圧器《ノイズカットトランス》[※]

　回路をアイソレーションする技術は、ノイズの伝導を遮断するだけでなく、ノイズの侵入径路となるループを切ることができるため、ノイズ対策上の切り札となる。小さなユニットに回路を分断できるとアンテナとなる回路（ループ）が縮小されやすくなるため、放射による誘導を抑制することが可能になる。

　電源ラインを高周波の帯域まで確実にアイソレーションするための《ノイズカットトランス》が備えるべき構造は、次に示す3つになる（図 3-22）。

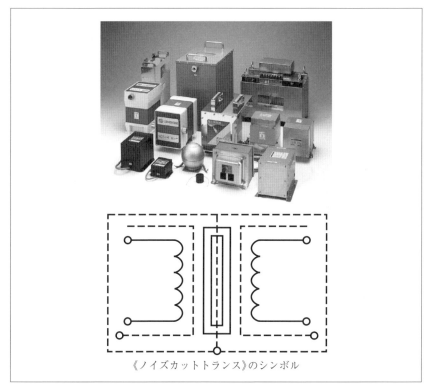

《ノイズカットトランス》のシンボル

〔図 3-22〕《ノイズカットトランス》

※《ノイズカットトランス》は株式会社　電研精機研究所の商標です。

(1) 各コイルやコイル間に厳重かつ多重に電磁遮蔽を施し、静電容量による結合を絶ち、さらに電磁波の放射を防ぐ
(2) 両コイルを、基本波では実効透磁率が高いが、高周波になるに従い急激に実効透磁率の低下する材質・形状の磁芯で貫通させる
(3) 充分に絶縁した1次コイルと2次コイルの位置関係を空芯による結合が生じにくいように配置する

これらの構造をすべて備えることにより、図3-23に示すように、ノーマルモードノイズもコモンモードノイズも高周波帯域まで広帯域にわたりアイソレーションすることができる。

6−2　グランド対策

本章における「グランド」とは、地球に接続する保安目的の「アース（接地）」とは異なるもので、「回路の基準電位を保つ導体で、同一制御ループ内で同電位とみなせる良導体」と定義する。ここでは、ノイズ対策を実施する上で「高周波においても極めてインピーダンスが小さく、どの点をとっても同一電位を示すように施すことが望ましい」グランドについて紹介する。

6−2−1　回路のグランド

電子回路において、基板上のグランドパターン（銅箔）の線幅が狭い場合には、グランドラインに伴うインピーダンス（Z）が無視できなくなる。このようなグランドラインに、立ち上がりの速い回路電流が流れると、電圧降下や発振を起こし、動作が不安定になることがある。これは、主

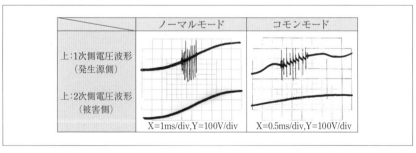

〔図3-23〕≪ノイズカットトランス≫のノイズ防止効果の例

に銅箔のインダクタンス（L）に起因するインピーダンスの問題である。

そこで、銅箔のグランドパターンの面積を広くしたり（線幅を太くする）、多層基板を使用して基板全面の銅箔をグランドとして活用したりする方法が用いられる。この場合は、高周波帯域の電流に対するインピーダンス（Z）が小さいため、立ち上がりの速い回路電流がグランドに流れても、電圧降下が少ないため回路の動作が安定し、さらに、外来のノイズに対しても影響を受けにくくなる（図3-24）。

6－2－2　表皮効果

高周波帯域の電流が、導体の表面だけを流れる現象のことを表皮効果という。図3-25に示すように、導体に電流（I）が流れると磁束（ϕ）が発生する。この磁束（ϕ）により、2次電流（i）が発生する。これにより、

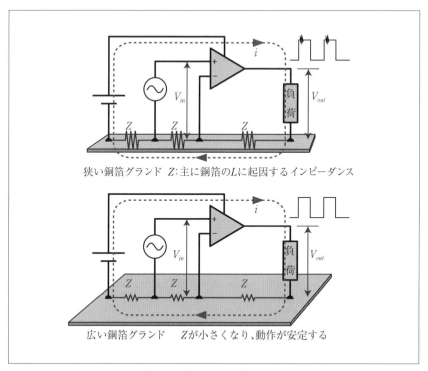

〔図3-24〕回路のグランド

導体の中心部では (I) と (i) が打ち消し合うために、電流が流れなくなる。

例えば、銅線 (20℃) の場合で計算してみると、1MHz の高周波電流は、導体の表面からわずか 0.07mm の深さまでしか流れないという結果になる。このため、高周波においても極めてインピーダンスの小さい、良好なグランドを設けるためには、この表皮効果を十分に考慮し、表面積の広い導体を用いることが重要である。

6-2-3 接地線のインピーダンス

接地線（アース線）に高周波電流が流れる場合には、高周波に対する接地線のインピーダンスが問題になることがある。接地線のインピーダンスは、インダクタンスの影響も大きく、周波数に比例して大きくなる。例えば、断面積が 22mm^2 で長さ 10m の接地線に、1MHz の高周波電流が流れる場合、接地線のインピーダンスは約 100Ω になる（図 3-26）。コストをかけて A 種接地 (10Ω) を用意しても、接地線のインピーダンスが大きいと、高周波電流は流れにくい状況になってしまう。

また、インピーダンスが大きい接地線に高周波電流が流れると、FG 端子（対象機器のフレームグランド）と接地板との間に電位差が生じやすくなるため、接地線がアンテナとなり電磁波を放射してしまう恐れがある。

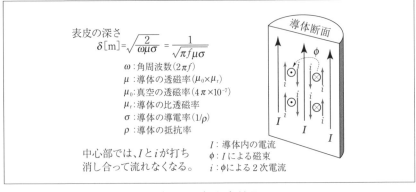

〔図 3-25〕表皮効果

6-3 シールド

　放射ノイズを対策するにあたり、効果が期待できる手段としてシールドを施す方法がある。一口に「シールド」と言っても様々な手法があり、目的に合った手法を選ばなければその効果は望めない。ここでは、大きく3つに分類されるシールドの種類と、シールドの端末処理について紹介する。

6-3-1 磁気シールド

　静磁界あるいは周波数が低い磁界をシールドする方法である。磁力線の「切れることなく磁性体内部に集中して通過する特性」を利用する。一般的に、シールド材は、珪素鋼鈑やパーマロイなどの透磁率の高い強磁性材料を用いる。

6-3-2 静電シールド

　静電界などの電界をシールドする方法である。「導体によって囲まれ

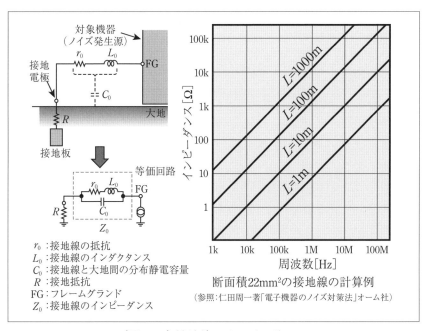

〔図3-26〕接地線のインピーダンス

■第3章　ノイズ源の把握から行う対策

た領域の内部の電界は、どこでもゼロである特性」を利用する。静電
シールドは、接地やグランドに接続することにより、静電シールド内の
導体への影響を防止することができる。

6－3－3　電磁シールド

　高周波の電磁波をシールドする方法である。電磁波に対するシールド
効果 (SE) は、吸収損失と反射損失（多重反射損失も含む）によって得
られる。損失量は、対応する周波数やシールド材の厚さ・種類（比透磁
率や比導電率）などにより決まるが、一般的に鉄板や銅板、アルミ板な
どの導電率の大きいものを用いる。

6－3－4　シールドの端末処理

　シールドの端末処理の方法としては、「両端ともグランドに接続しな
い」「片端だけグランドに接続する」「両端ともグランドに接続する」と
いうように、いくつかの選択肢が存在する。静電シールドは、必ずシー
ルドの片端を基準となるグランドに接続する必要があるが、磁気シール
ドと電磁シールドは、グランドに接続しなくても効果が得られる。

　一般的に、グランドループやコモンモードループが形成されることを
嫌い、シールドの端末処理として「片端だけグランドに接続する」を選
択することが多いが、これによってグランドが分離されてしまうことも
ある。そこで、図 3-27 に示すように、前述した「アイソレーション」を
うまく活用し、コモンモードループやグランドループが形成されないよ
うにすればシールドの端末処理として「両端ともグランドに接続する」
が選択できる。

　ただし、対象機器に複数のケーブル（信号線や電力線、アース線など）
が接続されている場合には、それらの配線により別のコモンモードルー
プやグランドループが形成されないように、各機器を確実にアイソレー
ションすることが重要である。また、端末処理の接続部分にワイヤを使
用すると、高周波電流に対するインピーダンスが大きくなり、ノイズレ
ベルが増加する恐れがあるので注意が必要となる。

　このように、アイソレーションを活用し、コモンモードループやグラ
ンドループが形成されないようにした状態で、かつシールドの両端のイ

ンピーダンスが小さくなるように接続することができれば、シールドの効果とグランドの効果により、放射ノイズ対策として極めて有効な対策となる。

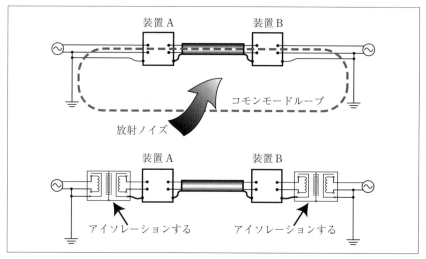

〔図 3-27〕シールドの端末処理

■第3章　ノイズ源の把握から行う対策

7．ノイズトラブルの全体像

　ノイズトラブルが発生すると、どうしても被害装置（トラブルが発生している機器）への対策が先行してしまう。そのため、ノイズトラブルが発生する要因の全体像が把握できず、ノイズ発生源が不明のままになってしまうケースもある。ここでは、ノイズトラブルの全体像と対策箇所について紹介する。

7－1　ノイズ発生源と被害装置の関係

　ノイズトラブルが発生している現場では、周囲の機器の位置関係や動作状態、配線の状況などを把握することがトラブル解決への第一歩となる。しかし、トラブル現場で調査を実施しても、被害装置周辺にノイズを発生する機器が見つからないケースもある。このように、ノイズ発生源と被害装置の物理的な距離が離れている場合には、次に示すようなステップで、ノイズ発生源から被害装置までノイズが到達していることが考えられる（図3-28）。

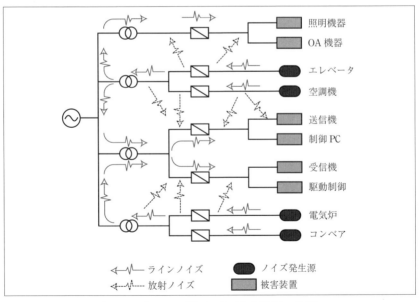

〔図3-28〕ノイズ発生源と被害装置の関係

- 76 -

(1) ノイズ発生源となる機器が動作することにより、高周波ノイズが発生する

(2) 発生した高周波ノイズが、ラインノイズとして電力線やアース線に流出する

(3) 流出したラインノイズが、電線路から空中にも放射する

(4) 空中を伝播する放射ノイズが、別系統の電力線や信号線に誘導する

(5) 誘導したノイズが、ラインノイズとなり被害装置の電源ラインや信号ラインを伝導し、装置内部の電子回路に侵入して悪影響を与える

7−2　ノイズの侵入径路をイメージする

　一口に被害装置といっても、実際の装置は多数のI/Oケーブルやセンサケーブルなどが接続され、非常に複雑な構成になっていることが多い。このため、ノイズの侵入径路も多岐にわたり、実際にはコモンモードループやグランドループが形成されていても、図面に記載されている系統図や回路図だけでは解析できないケースが多い。このような場合には、現地で実際の装置の配置や各配線（電力線・信号線・アース線など）を目視で確認し、各機器の接続状況を線と箱の関係に置き換えて考えることが重要である。

　図3-29に示すように、特にコモンモードループやグランドループの存在を強く意識して、線と箱の関係を整理することにより、複雑な装置であってもノイズの侵入径路がイメージしやすくなる。

7−3　発生源対策例

　次に示すような事例の場合には、ノイズ発生源対策が有効となる。

(1) ノイズ発生源が明確である

(2) 被害装置が多数あり、被害装置側での対策にコストがかかる

(3) 被害装置に多数のI/Oケーブルやセンサケーブルが接続されていて構成が複雑である

　このような場合には、図3-30に示すように、ノイズ発生源となる機器の電源ラインを高周波帯域までアイソレーションし、配電線に流出する高周波ノイズを防ぐことが先決である。同時に、ノイズ電流が流れるケーブル（ノイズ発生源がインバータであればインバータ〜モータ間の配

■第3章 ノイズ源の把握から行う対策

線も含む)に対しても電磁シールドを施して放射ノイズ対策を実施する。
　ノイズ発生源対策は、対策の範囲が比較的限定できるメリットがある反面、ノイズを発生する機器は、三相受電の動力系の機器が多いため、対策に使用するノイズ防止素子の電力容量も大きくなり、スペースやコストの確保が必要になるデメリットがある。

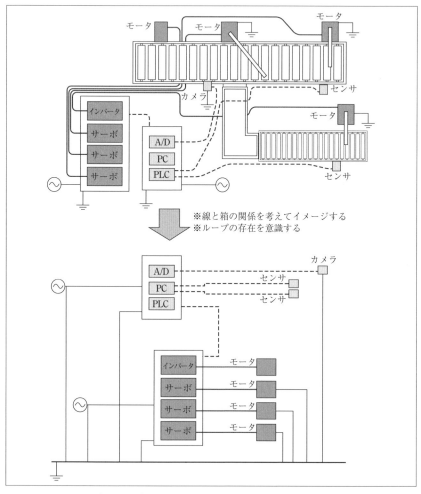

〔図3-29〕ノイズの侵入径路をイメージする

7－4　被害装置対策例

次に示すような事例の場合には、被害装置対策が有効となる。
(1) ノイズ発生源が不明である
(2) ノイズ発生源が多数あり、発生源側での対策にコストがかかる
(3) 客先の設備がノイズ発生源となっているため、自分たちで調査や対策ができない

このような場合も、図3-31に示すように、被害装置の電源ラインをアイソレーションし、電源ラインから侵入する高周波ノイズを防ぐことが先決となる。また、被害装置に多数のI/Oケーブルやセンサケーブルが接続されていると、それらの電線がアンテナとなり、空中を伝播して侵入してくる放射ノイズの悪影響を受けるので、各配線にシールドを施す必要もある。

被害装置対策は、対象となる機器が制御機器や計測器であることが多いため、対策に使用するノイズ防止素子の電力容量が小さい。また、ト

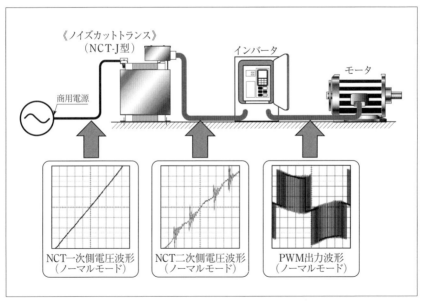

〔図3-30〕ノイズ発生源対策例

■第3章　ノイズ源の把握から行う対策

ラブルが発生している機器が明確で、対策の効果も確認しやすいため、着手しやすい。しかし、その反面、I/Oケーブルやセンサケーブルなどの信号線が多数接続されていることが多く、放射ノイズを防止するための対策範囲が広くなるため、グランドループなどにも留意して対策を進める必要がある。

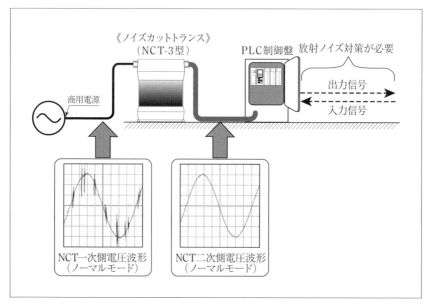

〔図3-31〕被害装置対策例

8．おわりに

　ノイズ対策は、目に見えないループが介在するため、極めて奥が深く、同じようなシステムであっても、わずかな配線状況の違いなどでトラブルの症状が変わったり、同じように対策したつもりでも望んだ結果が得られなかったりするケースがある。しかし、個々のトラブルの現象とノイズとの関係を専用の計測器を用いてしっかりと見極め、やるべき対策を確実に実施することができれば、必ず解決できるものと確信している。本章においては、説明が十分ではない箇所もあると思われるが、少しでも、現場で発生しているノイズ障害のトラブルシューティングの参考になれば幸いである。

第4章

スイッチング電源とEMC
ノッチ周波数を有するスイッチング電源の
EMC低減スペクトラム拡散技術

1. はじめに

電子情報機器が発する EMC ノイズは世界的に注目され、ますます規制が強化されつつある。この対策として、基板上ではフィルタやビーズ・シールド等の多種な対策が採られ、そのコストや重量・体積は小型・軽量化の妨げになりつつある。特に、固定周波数のクロックを使用するスイッチング電源においては、大電力の切換えや制御系全体がクロックに同期して動作する。このため固定周波数のスペクトラムにエネルギーが集中して、大きな不要輻射等の電磁妨害（EMI）ノイズが発生し、従来大きな問題となっている。この対策として、クロックを変調するなどのスペクトラム拡散によるノイズレベルの低減技術が検討されてきた。

2. スイッチング電源と従来スペクトラム拡散技術
2-1 降圧形スイッチング電源

　固定周波数のクロックを使用するスイッチング電源として、降圧形・昇圧形および昇降圧形電源がある。ここでは降圧形 DC-DC スイッチング電源について、構成・動作および特徴を簡単に述べる。図4-1に降圧形電源の一般的な構成を、図4-2にその動作波形を示す。図4-1ではパワーステージとその制御部で構成され、パワーステージはメインスイッチ SW・インダクタ L・ダイオード D_i および出力コンデンサ C で構成される。制御部は、誤差電圧増幅器・比較器・鋸歯状波 SAW（Saw-tooth）発生器およびクロック発生器で構成される。出力端子 V_o には、負荷抵

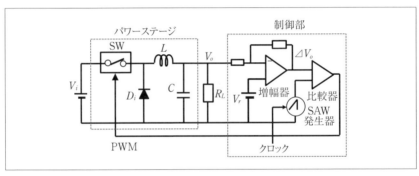

〔図4-1〕降圧形スイッチング電源の構成

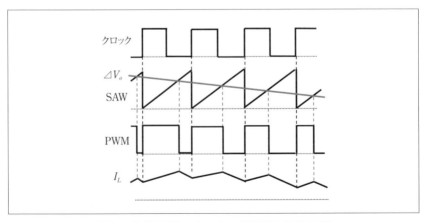

〔図4-2〕降圧形スイッチング電源の動作波形

抗R_Lが接続されている。

　動作を説明すると、SAW発生器からのPWM信号によりSWはON/OFF駆動される。PWM信号がHのとき、SWはONとなりインダクタ電流I_Lは図4-2に示すように上昇する。PWM信号がLに転じると、SWはOFFとなりインダクタ電流I_Lは減少する。ON期間が長いと（デューティD：時比率が大きいと）I_Lの上昇期間は長くなって出力電圧V_oは微増し、反転増幅出力$\varDelta V_o$は減少する。この結果、図4-2のように$\varDelta V_o$は徐々に低下し、PWM信号のDは小さくなる。このようにスイッチ動作や制御信号は全てクロックに同期して動作し、この結果、スイッチング電源の発するノイズのスペクトラムは、全てPWM信号の周波数およびその高調波に集中している。

2－2　ディジタル方式スペクトラム拡散技術

　従来技術の一つとして、PWM信号の周波数あるいは位相をホワイトノイズあるいは熱雑音でランダムに広範囲に変調する方式が効果的と言われている。しかしこのようなノイズを実用的に発生するのは困難であり、従来技法のひとつはディジタル的にランダムにクロックの位相を切換えて、SAW信号を位相変調するディジタル・スペクトラム拡散方式[11]が提案されていた。この方式では図4-3に示すように、メインクロック

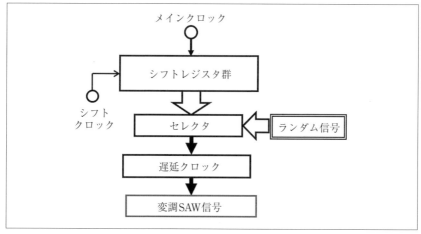

〔図4-3〕ディジタル方式位相変調回路

■第4章 スイッチング電源とEMC

を多数段に渡り高周波のシフトクロックで遅延した位相シフトクロック群を発生させ、クロック周期毎にこのクロック群の一つをランダムに選択して出力する。この選択信号として、ディジタル的なランダム信号を発するM系列信号発生器が利用される。

　このディジタル方式はビットを多くすれば効果は大きいが、効果的なスペクトラム拡散を得るには10ビット以上が必要であり、遅延クロック群に1,000個以上のシフトレジスタと同数のセレクタが必要であり多くの回路素子を必要とする。また、シフト用クロックとして1,000倍の高周波が必要であり、メインクロック周波数を100kHzとしても100MHz程度の高周波クロックが必要となる欠点があった。

２−３　擬似アナログノイズ利用スペクトラム拡散技術

　そこで、2015年の学会発表[12),13)]および次章では、図4-4の構成による3ビットM系列信号による擬似アナログノイズとPLL（Phase Locked Loop）回路を利用した、周波数変調回路によるEMI低減方式を提案した。この変調回路は、図4-1の電源構成における制御部のクロックとSAW発生器の間に同図の回路を挿入して、SAW信号を周波数変調する。

　ここで、図4-4の回路構成と動作を簡単に説明する。3ビットM系列信号発生器の出力をDA（Digital-to-Analog）変換してステップ状のアナログ信号を得、さらにLPF（Low Pass Filter）を施し擬似アナログノイズを得る。このノイズ信号はまだ周期性を有するので、ランダム信号とはいえない。そこで、応答特性を十分に遅くしたPLL回路を用い、疑似

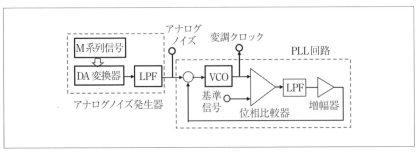

〔図4-4〕擬似アナログ方式周波数変調回路

− 88 −

アナログノイズを印加して基準クロックに同期しきれない周波数変調されたクロックを得る。この変調クロックをSAW発生器に供給することにより、ランダムな周波数変調によるEMI低減が可能となる。なお、周波数変調度は、シフトクロック周波数やDA変換器のゲインにより調整可能であり、スイッチング電源の一巡伝達関数を考慮して出力電圧リップルに悪影響が出ないように設定される。

　この方式によるスイッチング電源のシミュレーションを、SIMetrix/SIMPLISにより実施した。そのスペクトラム拡散結果は、図4-5のスペクトラム拡散の比較に示されるようにノイズレベルは低下している。基本クロック周波数（200kHz）のスペクトラムレベルは0.57倍（−4.9dB）に低減し、5倍の高調波（1MHz）では0.1倍（−20dB）と低減している。ところが一方では、スペクトラムのボトムレベルが全体的に上昇していることが確認できる。このことは、微弱電波の受信機、例えばラジオ受信機では受信周波数にもノイズが拡散されることとなり、近年大きな問題[13]

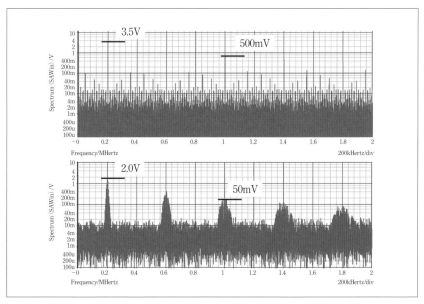

〔図4-5〕シミュレーションによるPWM信号のスペクトラム拡散結果

■第4章　スイッチング電源とEMC

となりつつある。受信周波数へのエネルギー拡散の少ない、新たなスイッチング電源の EMI 低減手法の提案が待たれている。

3. パルス幅コーディング方式スイッチング電源
3-1 パルス幅コーディング方式とスペクトラム

　従来の EMI 低減技術では、上述のようにクロック信号の位相あるいは周波数をランダムに変調して、PWM 周波数およびその高調波のスペクトラム・エネルギーを周囲の周波数に拡散する。一方、ΔΣ 変調 DTC (Delta-Sigma Modulation Digital to Time Converter) 方式において、ディジタル入力信号の [H/L] レベルに応じて、出力パルスを各種コーディング・パルスに変換するパルスコーディング手法が知られている。例えばパルス幅コーディングでは、パルス幅（あるいはデューティ D）の異なる 2 種類の出力パルスを用意し、入力信号 [H/L] に応じて切換えて出力する。この方式によるパルス出力列のスペクトラムは、パルス周波数のスペクトラムレベルが低減するばかりでなく、特定周波数帯域でノイズレベルが非常に小さくなる、いわゆる「ノッチ特性」が現れることを確認している。

　以下にパルス幅コーディング PWC (Pulse Width Coding) 方式の一例を示す。コーディングされたパルス対を図 4-6 に示すように、パルスの周期を T_o=1,000μs、基準パルス幅を W_O=200μs、変調パルス幅を W_M=600μs とする。このとき、コーディング出力のスペクトラムを、シミュレーションソフト Scilab により検討した結果は図 4-7 であり、F_N=250kHz に大きなノッチ特性が現れている。このときのノッチ周波

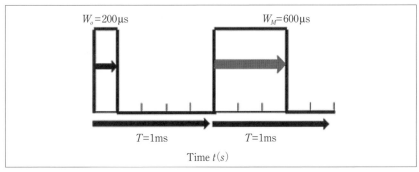

〔図 4-6〕パルス幅コーディング例

数 F_N は、次式の実験式で示される。

$$F_N = 1/(W_M - W_o) = 1/(600-200)\mu s = 250 \text{ kHz} \quad \cdots\cdots\cdots \quad (4\text{-}1)$$

3－2　パルス幅コーディング方式 DC-DC 電源のシミュレーション

　ここで、スイッチング電源として負帰還制御をさせるには、コーディング・パルス対のデューティ D_1、D_2 には条件がある。つまり、定常状態における PWM 信号のデューティを D_o としたとき、出力電圧を制御駆動するには次式 (4-2) の条件が必要となる。

$$D_1 > D_o > D_2$$
$$\text{ただし} \quad D_o \fallingdotseq V_o/V_i \quad \cdots\cdots\cdots\cdots\cdots\cdots\cdots\cdots\cdots \quad (4\text{-}2)$$

3－3　パルス幅コーディング方式 DC-DC 電源のスペクトラム拡散

　図 4-8 に示すパルス幅コーディング PWC 電源において、表 4-1 の条件で SIMPLIS によりシミュレーションしたときのスイッチ駆動 SWD 信号のスペクトラムを図 4-9 に示す。表 4-1 の条件おいて各パルスのデューティは、$D_1 = 1.6/2.0 = 0.80$、$D_2 = 0.3/2.0 = 0.15$ および $D_o = 5.0/10/0 = 0.50$ である。またノッチ特性の周波数は実験式 (4-3) であり、第 1 ノッチは

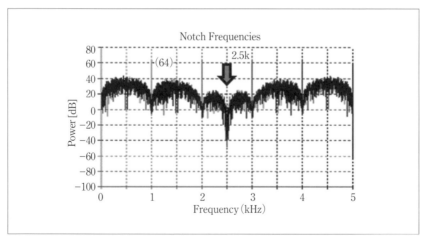

〔図 4-7〕PWC 出力のスペクトラム

770kHz に現れる。図 4-9 のスペクトラム拡散の結果では、クロック周波数は 500kHz とその高調波に現れ、第 1 ノッチ特性は 0.77MHz に現れ実験式とほぼ一致している。第 2 ノッチ周波数はクロックの第 3 高調波 (1.5MHz) の付近であり、明確には現れていない。なお、この条件における出力電圧リップルは、図 4-10 に示すように 16mVpp であり、出力電圧 5.0V の 0.3% 程度と十分小さい。

$$F_N = N/(W_M - W_o) = N/(1.6 - 0.3)\mu s$$
$$= N/1.3\mu s = 0.77 \cdot N [\text{MHz}] \quad \cdots\cdots\cdots\cdots\cdots\cdots (4\text{-}3)$$

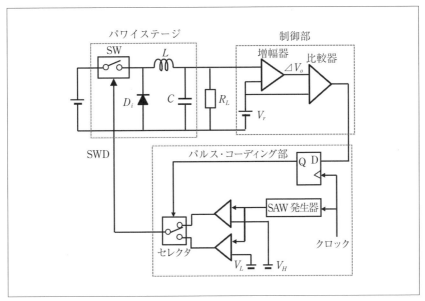

〔図 4-8〕PWC 制御スイッチング電源の構成

〔表 4-1〕PWC 電源のパラメータ

入力電圧 E	出力電圧 V_0	出力電流 I_o	L
10.0V	5.0V	0.25A	200μH
C_0	クロック f_{ck}	Codig 幅 1	Codig 幅 2
470μF	500kHz	1.6μs	0.3μs

■第4章 スイッチング電源とEMC

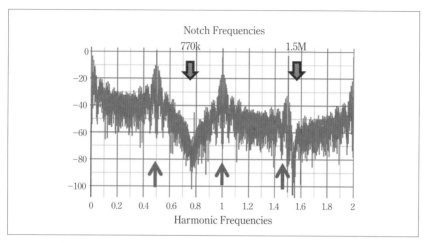

〔図4-9〕PWC電源のシミュレーション結果（スペクトラム）

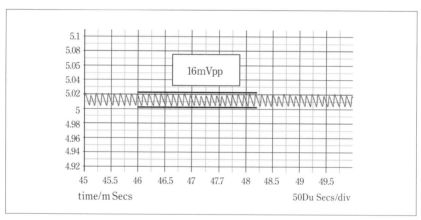

〔図4-10〕PWC電源シミュレーションの出力電圧リップル

4．各種パルスコーディング方式スイッチング電源
4−1　パルス周期コーディング方式 DC-DC 電源とスペクトラム拡散

パルスコーディング方式としては、パルス幅以外にも多々のコーディング方式が存在する。パルス周期・パルス位相・パルスレベル等が存在するが、ディジタル的にスイッチング電源に適用可能な方式としてパルス周期コーディング PCC（Pulse Cycle Coding）方式がある。この PCC 方式パルスの一例を図 4-11 に示す。この場合、パルス幅 W_o を一定として、周期 T の異なるパルス対を切換え制御する。同図の場合も、そのデューティ関係には、式 (4-2) と同様に次式の関係が必要である。ここで周期 T_L は周期 T_H より長く、したがってデューティは D_L のほうが D_H より小さくなる。

$$D_H > D_o > D_L \qquad \cdots\cdots \text{(4-4)}$$

ただし　$D_H = W_o T_H$、$D_L = W_o/T_L$　$(T_L > T_H)$

$$D_o \fallingdotseq V_o/V_i \qquad \cdots\cdots \text{(4-5)}$$

ここで表 4-2 のパラメータによる電源のシミュレーションにおける、スペクトラム結果を図 4-12 に示す。表 4-2 のパラメータにおいて、各デューティは $D_H = 1.3/2.0 = 0.65$、$D_L = 1.3/3.5 = 0.37$ および $D_o = 5.0/10.0 = 0.50$、

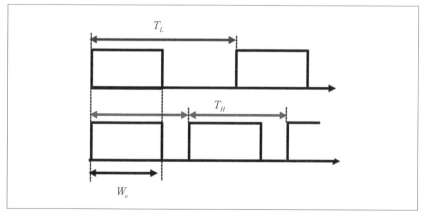

〔図 4-11〕PCC 方式のコーディング・パルス例

■第4章 スイッチング電源とEMC

D_o に対する各パルスのデューティ差も同等に設定した。ここで図4-12 のスペクトラムにおけるノッチ特性の周波数は $F_N = 0.667 \cdot K$ MHzであり、次式（4-6）に示す実験式と一致している。しかしノッチ帯域内および周波数全体に渡り、多くの線スペクトラムが存在している。なお、この条件における出力電圧リップルは、図4-13に示すように10mVppであり、出力電圧の0.2%と小さい値である。パルスのデューティ差を合わせることにより出力リップルのレベルは変化する。

$$F_N = N/(T_L - T_H) = N/(3.5 - 2.0)\mu s = N/1.5\mu s$$
$$= 0.667 \cdot N \,[\text{MHz}] \quad \cdots\cdots\cdots\cdots \quad (4\text{-}6)$$

4－2 パルス位置（位相）コーディング PPC 方式

パルスコーディングの一方式として、パルス周期 T_o およびパルス幅 W_o を一定として、パルスの位置（あるいは位相）を変調するパルス位置

〔表4-2〕PCC 方式のシミュレーション・パラメータ

入力電圧 E	出力電圧 V_0	出力電流 I_0	L
10.0V	5.0V	0.25A	200μH
C_0	パルス幅	Codig 周期1	Codig 周期2
470μF	1.3μF	2.0μF	3.5μs

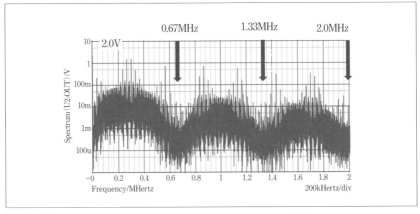

〔図4-12〕PCC 方式のスペクトラム拡散

（位相）コーディング PPC（Pulse Position/Phase Coding）方式がある。この方式は2つのパルスにおいて、デューティ変化がないことより、そのままスイッチング電源に適用することは困難であるが、他のコーディング方式と複合することにより適用可能である。そこで PPC 方式のコーディングパルス出力のスペクトラム拡散を検討する。

　PPC パルス例として図4-14のパルス条件における Scilab によるスペクトラム拡散結果を図4-15に示す。同図のパルス条件は、$T_o=1.0\mathrm{ms}$, $W_o=200\mathrm{\mu s}$, $\tau=200\mathrm{\mu s}$ としている。このときノッチ周波数は、次式のようにパルスのシフト量 τ のみに依存している。

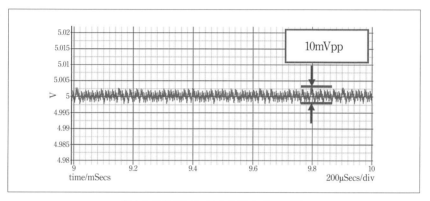

〔図4-13〕PCC 方式の出力リップル

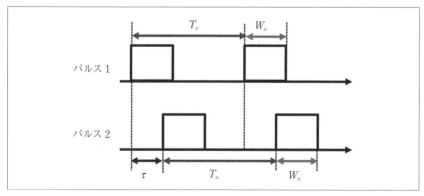

〔図4-14〕PPC 方式のコーディングパルス

■第4章　スイッチング電源とEMC

$$F_N = N/\tau = N/200\mu s = 500 \cdot N \text{[kHz]} \quad \cdots\cdots\cdots\cdots\cdots\cdots\cdots \quad (4\text{-}7)$$

4－3　複合パルスコーディング方式とスペクトラム

　パルス幅コーディングPWCとパルス位相コーディングPPCを複合コーディングしたパルス幅位置（位相）コーディングPWPC（Pulse Width Position [Phase] Coding）方式は、複数のノッチ特性を有するスペクトラムを示す。図4-16は、PWPC方式電源に適用したコーディングパルスの一例を示す。このパルスは図4-6のPWCパルスにおいて、幅の小さいパルスの位置を時間 τ_L だけシフトしたパルスの構成である。

　このPWPCパルス対は、図4-17のPWPCパルスコーディング回路により得られる。同図ではクロックの一部を遅延した後、鋸歯状波発生器2を起動して基準電圧 V_L と比較して遅延されたパルス L を発生する。パルス H の成生部は、図4-8のPWC回路と同様のパルス発生回路である。

　次に表4-3のパラメータによるPWPC方式電源におけるシミュレー

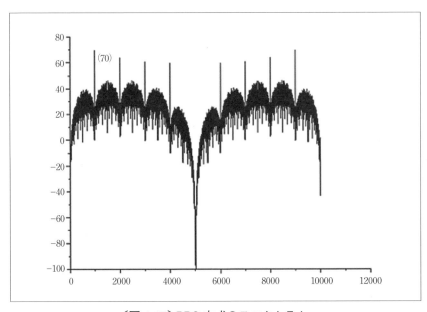

〔図4-15〕PPC方式のスペクトラム

ション結果のスペクトラムを図4-18に示す。この方式の場合、パルスの位相関係が変化することより、クロック周波数の200kHzに対して分周された100kHz成分も現れる。またノッチ特性は、パルス幅の差に依存する実験式と、パルス位相差に依存する実験式で表される。なお、式 (4-9)

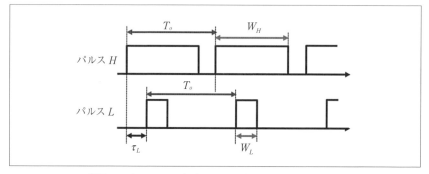

〔図4-16〕PWPC方式のコーディング・パルス例

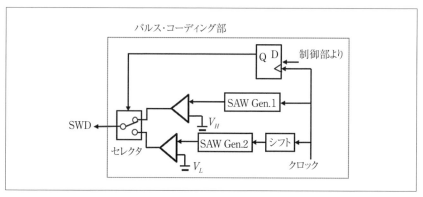

〔図4-17〕PWPCコーディングパルス発生回路

〔表4-3〕PWC電源のパラメータ

入力電圧	出力電圧	インダクタ
$V_i = 10V$	$V_o = 5.0V$	$L = 200\mu H$
コンデンサ	クロックF	クロック周期
$C = 470\mu F$	$F_o = 200kHz$	$T_o = 5.0\mu s$
パルス幅H	パルス幅L	シフト時間
$W_H = 4.5\mu s$	$W_L = 2.0\mu s$	$\tau = 0.6.0\mu s$

■第4章 スイッチング電源とEMC

において、通常 $\tau_H = 0$ である。

$$F_{N1} = N/(W_H - W_L) = N/(4.5 - 2.0)\mu s = N/2.5\mu s$$
$$= 400 \cdot N\,[\text{kHz}] \qquad \cdots\cdots\cdots\cdots (4\text{-}8)$$

$$F_{N2} = M/|2(\tau_H - \tau_L)| = M/2\tau = M/2 \cdot 0.6\mu s$$
$$= 833 \cdot M\,[\text{kHz}] \qquad \cdots\cdots\cdots\cdots (4\text{-}9)$$

なお、上記のパラメータにおける電源性能として、出力電圧リップルの過渡応答を図4-19に示す。出力電圧リップルは、負荷電流 $I_o = 500\text{mA}$ 時

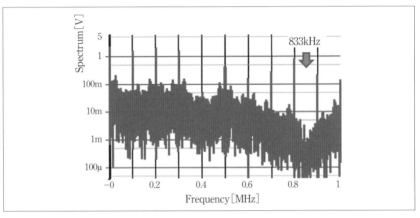

〔図4-18〕PWPC方式スペクトラム

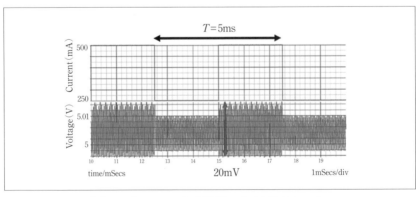

〔図4-19〕PWPC方式電源の出力電圧リップル

に ΔV_o=20mVpp であり、負荷電流変化 ΔI_o=250mA 時のオーバー / アンダー・シュートは確認できない程度に微小である。

4－4　複合パルスコーディング PWPC 方式におけるノッチ特性の向上

上述の PWPC パルスコーディング方式では、パルス幅の差とシフト時間に起因する 2 種類のノッチ特性が現れる。この 2 つのノッチ周波数を一致させることによりノッチ特性は 2 乗特性で効果的となり、周波数幅および深さはより大きくなる。そこで表 4-4 のようにパルス幅差 $(W_H-W_L)=2\tau=160$ns として、ノッチ周波数を $F_{N1}=F_{N2}=6.25$MHz としたときのスペクトラムを図 4-20 に示す。ノッチ周波数 $F_N=6.2$MHz 付近の谷の幅が広がっていることが分かる。

〔表 4-4〕ノッチ特性を向上した PWPC 方式パラメータ

入力電圧	出力電圧	インダクタ
V_i=10V	V_o=5.0V	L=200μH
コンデンサ	クロック F	クロック周期
C=470μF	F_o=1.4MHz	T_o=714ns
パルス幅 H	パルス幅 L	シフト時間
W_H=480μs	W_L=320μs	τ=80μs

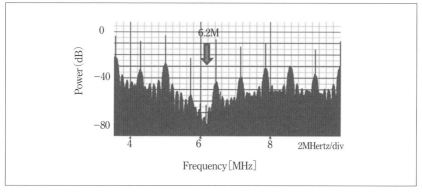

〔図 4-20〕ノッチ特性を向上した PWPC 方式スペクトラム

5. パルスコーディング方式におけるノッチ特性の理論的解析
5-1 パルス幅コーディング方式とノッチ周波数

　パルス幅コーディング方式では、図4-21に示した2種のパルス幅 W_H、W_L を持つ同一周期のパルス対 P1、P2 により、電源内のメイン SW を切換え制御して安定な出力電圧を得る。このとき現れる SW 駆動パルスのスペクトラム、つまり駆動パルスのフーリエ変換を考える。実際の電源制御では2つのパルスはランダムに現れるが、デューティ変化が現れる組合せは2種類のみで（P1+P2）およびその逆順しかないことが分かる。そこで（P1+P2）複合パルスを一周期パルスとみなし、パルス・レベル=1として、2つのパルス幅に対してフーリエ変換を施す。フーリエ変換の定義式（4-10）より、複素積分をおこなうと式（4-12）が得られる。

$$f(\omega) = \int_{-\infty}^{\infty} f(t) e^{-j\omega t} dt$$
$$= \int_0^{W_H} e^{-j\omega t} dt + \int_{T/2}^{T/2+W_L} e^{-j\omega t} dt \quad \cdots\cdots\cdots (4\text{-}10)$$

$$= -\frac{1}{j\omega} \{e^{-j\omega W_H} - 1 + e^{-j\omega(W_L + T/2)} - e^{-j\omega T/2}\} \quad \cdots\cdots\cdots (4\text{-}11)$$

$$= -\frac{1}{j\omega} \{e^{-j\omega W_H} + e^{-j\omega W_L}\} \quad \cdots\cdots\cdots (4\text{-}12)$$

　さらにオイラーの公式により展開すると次式（4-13）が得られ、その絶対値を求める。

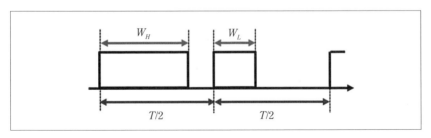

〔図4-21〕PWC パルス例

$$f(\omega) = -\frac{1}{j\omega}\{\cos(\omega W_H) - j\sin(\omega W_H) - \cos(\omega W_L)$$
$$+ j\sin(\omega W_L)\} \qquad \cdots\cdots\cdots\cdots (4\text{-}13)$$

$$|f(\omega)| = \frac{1}{\omega}\sqrt{\{\cos(\omega W_H) - \cos(\omega W_L)\}^2 \atop + \{\sin(\omega W_H) - \sin(\omega W_L)\}^2} \qquad \cdots\cdots\cdots\cdots (4\text{-}14)$$

$$= \frac{1}{\omega}\sqrt{2 - 2\cos(\omega W_H)\cos(\omega W_L) \atop -2(\sin(\omega W_H)\sin(\omega W_L))} \qquad \cdots\cdots\cdots\cdots (4\text{-}15)$$

ここで、和の公式：$\cos(A+B) = \cos(A)\cos(B) - \sin(A)\sin(B)$ によりまとめ、更に 2 倍角の公式：$\cos(2\theta) = \cos^2\theta - \sin^2\theta = 1 - 2\sin^2\theta$ を適用すると、次式 (4-16) を得る。さらに $\sqrt{}$ を外して $\mathrm{sinc}(\theta) = \sin(\theta)/\theta$ の形にまとめると、次式 (4-17) の sinc 関数の絶対値表示を得る。

$$|f(\omega)| = \frac{1}{\omega}\sqrt{2 - 2\cos(\omega W_H - \omega W_L)}$$
$$= \frac{1}{\omega}\sqrt{4\sin^2\{(\omega W_H - \omega W_L)/2\}} \qquad \cdots\cdots\cdots\cdots (4\text{-}16)$$

$$= \frac{2}{\omega}|\sin\{\omega(W_H - W_L)/2\}|$$
$$= (W_H - W_L)|\mathrm{sinc}\{\omega(W_H - W_L)/2\}| \qquad \cdots\cdots\cdots (4\text{-}17)$$

この関数 $\mathrm{sinc}(\theta)$ の絶対値は図 4-22 の波形であり、減衰する sin 関数で表される。このとき $\theta = n\cdot\pi$ において、$\mathrm{sinc}(\theta) = 0$ となる関係がある。したがって、PWC パルスのスペクトラムは周期的にゼロとなる特性となり、式 (4-18) のノッチ周波数の理論式を得る。

$$\mathrm{sinc}\{\omega(W_H - W_L)/2\} = 0 \ \text{より}$$
$$\frac{\omega(W_H - W_L)}{2} = n\pi \quad \therefore f = n/(W_H - W_L) \qquad \cdots\cdots\cdots\cdots (4\text{-}18)$$

５－２　パルス位置コーディング PPC 方式とノッチ周波数

同様にして、パルス位置コーディング PPC 方式における、ノッチ周波数の理論式を検討する。図 4-23 に示す PPC パルス列において、上式

— 103 —

■第4章 スイッチング電源とEMC

(4-10) と同様にして定義式よりフーリエ変換すると、次式 (4-21) を得る。

$$f(\omega) = \int_{-\infty}^{\infty} f(t) e^{-j\omega t} dt$$
$$= \int_{0}^{W_0} e^{-j\omega t} dt + \int_{\frac{T}{2}+\tau}^{\frac{T}{2}+\tau+W_0} e^{-j\omega t} dt \quad \cdots\cdots\cdots\cdots (4\text{-}19)$$
$$= -\frac{1}{j\omega} \{ e^{-j\omega W_0} - 1$$
$$\quad + e^{-j\omega(\tau+W_L+/2)} - e^{-j\omega(\frac{T}{2}+\tau)} \} \quad \cdots\cdots\cdots\cdots (4\text{-}20)$$
$$= -\frac{1}{j\omega} \{ e^{-j\omega W_0} - 1)(1 - e^{-j\omega\tau}) \} \quad \cdots\cdots\cdots\cdots (4\text{-}21)$$

この式の絶対値をとり簡単化すると、次式 (4-24) のように2つの

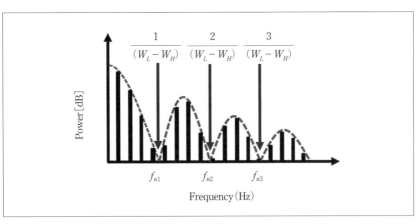

〔図 4-22〕sinc 関数

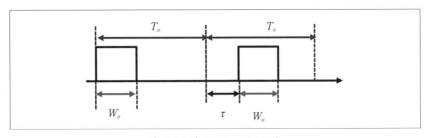

〔図 4-23〕PPC パルス列

sinc 関数に関係する式を得る。

$$|f(\omega)| = \frac{1}{\omega} \sqrt{\begin{array}{c}[\{1-\cos(\omega W_0)\}^2 + \sin^2(\omega W_0)] \\ + [\{1-\cos(\omega\tau)\}^2 + sin^2(\omega\tau)]\}\end{array}} \quad \cdots\cdots\cdots\cdots (4\text{-}22)$$

$$= \frac{1}{\omega} \sqrt{4\{1-\cos(\omega W_0)\}\{1-\cos(\omega\tau)\}}$$

$$= \frac{1}{\omega} \sqrt{16\sin^2\left(\frac{\omega W_0}{2}\right) \cdot \sin^2\left(\frac{\omega\tau}{2}\right)} \quad \cdots\cdots\cdots\cdots (4\text{-}23)$$

$$= \frac{1}{\omega} \sqrt{16\sin^2\left(\frac{\omega W_0}{2}\right) \cdot \sin^2\left(\frac{\omega\tau}{2}\right)}$$

$$= \frac{4}{\omega} \left| sin\left(\frac{\omega W_0}{2}\right) \cdot \sin\left(\frac{\omega\tau}{2}\right) \right| \quad \cdots\cdots\cdots\cdots (4\text{-}24)$$

$$= 2\tau \cdot \left| sin\left(\frac{\omega W_0}{2}\right) \cdot \mathrm{sinc}\left(\frac{\omega\tau}{2}\right) \right|$$

$$= 2W_0 \cdot \left| sinc\left(\frac{\omega W_0}{2}\right) \cdot \mathrm{sinc}\left(\frac{\omega\tau}{2}\right) \right| \quad \cdots\cdots\cdots\cdots (4\text{-}25)$$

したがって、$\omega\tau/2 = \omega W_0/2 = n\pi$ より、$f = n/(2\tau)$ および $f = n/(2W_0)$ となり、パルスのシフト位置 τ とパルス幅 W_o に関係するノッチ周波数の理論式を得る。

■第4章 スイッチング電源とEMC

6. パルス幅コーディング PWC 方式電源の実装検討
6－1 降圧形 PWC 方式電源の実装評価

パルスコーディング部に PWC 方式を適用して、図 4-8 の降圧形スイッチング電源をユニバーサル基板上に作製した。ディスクリートによる実装回路においてはスイッチング周波数の高速化は困難であり、表 4-5 に示すようにクロック周波数は $f=600\text{kHz}$ により性能を測定した。実測したスペクトラムを図 4-24 に示す。このときのノッチ周波数の理論値は $F_N = N/(1.48-0.4)\mu\text{s} = 926 \cdot N$ kHz であり、実測ノッチ周波数は同図より $F_N = 920\text{kHz}$ とほぼ一致している。なお、この第一ノッチ周波数は、クロック 600kHz とその第一高調波 1.2MHz のほぼ中間に設定している。

〔表 4-5〕降圧形 PWC 方式電源の実装パラメータ

入力電圧	出力電圧	インダクタ
$V_i = 10\text{V}$	$V_o = 5.0\text{V}$	$L = 100\mu\text{H}$
コンデンサ	クロック F	クロック周期
$C = 610\mu\text{F}$	$F_o = 600\text{kHz}$	$T_o = 1.67\text{ns}$
パルス幅 H	パルス幅 L	
$W_H = 1.48\mu\text{s}$	$W_L = 0.40\mu\text{s}$	

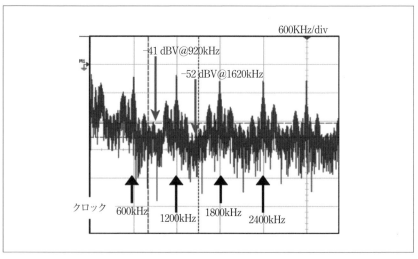

〔図 4-24〕実装降圧形 PWC 電源のスペクトラム（1）

一方、$F=1.62$MHz においてもより深いノッチ特性が現れており、今後に検討を要す。

このときの実測の SW 駆動信号および SEL 信号を図 4-25 に、出力電圧リップルの過渡応答波形を図 4-26 に示す。図 4-25 において、セレクト信号により 2 つのコーディングパルスを切換え選択して、SW 駆動信号 SWD に出力している。ここで 2 つのコーディングパルスのデューティに

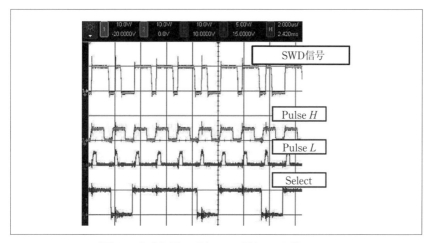

〔図 4-25〕実測降圧形 PWC 電源の駆動パルス

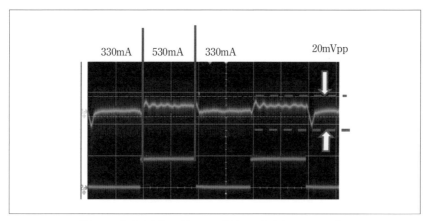

〔図 4-26〕実測降圧形 PWC 電源の出力電圧リップル

■第4章　スイッチング電源とEMC

は式 (4-4) の関係が必要である。実際に使用したパルスのデューティを確認すると、$D_H=1.48/1.67=0.88$、$D_L=0.40/1.67=0.24$、$D_o=5.0/10=0.5$ であり、実際のSWD信号を確認するとほぼ同様のデューティとなっている。次に図4-26を見ると、負荷電流が $I_o=530\text{mA}$ と多い時にも、出力リプルはやや振動気味だが大きさは5mVpp程度と出力電圧 V_o の0.1%程度である。また電流変化 $\Delta I_o=200\text{mA}$ のときのオーバー/アンダー・シュートは、±10mV程度である。なお、出力電圧に約5mVのオフセットが発生しているが、一般的な位相遅れ補償を施すことにより改善できる。

次に実装パラメータとしてクロック周期 $T=1.67\mu\text{s}$、パルス幅 $W_H=1.32\mu\text{s}$、$W_L=0\mu\text{s}$ としてON/OFF制御に近い制御状態とする。このとき、実測したスペクトラムを図4-27に示す。理論的なノッチ周波数は $F_N=N/1.32\mu\text{s}=758\cdot N$ kHz であり、ほぼ実測ノッチ周波数と一致している。また、3つのノッチ周波数は、クロック周波数およびその高調波間に発生している。

6-2　昇圧形PWC方式電源の実装評価

図4-8の降圧形スイッチング電源におけるパワーステージを、昇圧形に変更することにより昇圧形PWC方式電源を実現できる。降圧形と同

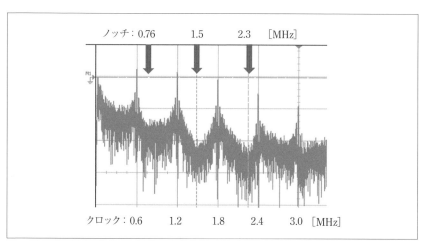

〔図4-27〕実装降圧形PWC電源のスペクトラム (2)

- 108 -

様にユニバーサル基板上に、表4-6のパラメータにより電源を作製した。このときのSW駆動波形SWD、セレクト信号SELおよびスペクトラムを図4-28に示す。表4-6のパルス幅条件より、理論的なノッチ周波数は$F_N = N/(4.8-1.2)\mu s = 278 \cdot N$ kHzであり、実測ノッチ周波数は274k、550Hzと一致している。この場合、第一ノッチ周波数は、クロックと第一高調波の間に発生している。

次に同一電源回路において、クロック周波数を同一の$F=160$kHzとして、ノッチ特性をクロックの第一と第二高調波の間に発生させる。パルス条件を$W_H=4.1\mu s$、$W_L=1.2\mu s$としたときの理論的ノッチ周波数は、$F_N = 345 \cdot N$ [kHz]である。このときのスペクトラムは図4-29であり、クロックの第一高調波320kHzと第二高調波480kHzの間に発生している。

〔表4-6〕実測昇圧形PWC電源の実装パラメータ

入力電圧	出力電圧	インダクタ
$V_i=3.0$V	$V_o=5.0$V	$L=200\mu H$
コンデンサ	クロックF	クロック周期
$C=940\mu F$	$F_o=160$kHz	$T_o=16.25$ns
パルス幅H	パルス幅L	シフト時間
$W_H=4.8\mu s$	$W_L=1.2\mu s$	$\tau=80$ns

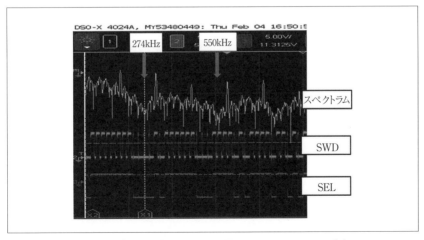

〔図4-28〕実装昇圧形PWC電源のスペクトラム(1)

■第4章　スイッチング電源とEMC

しかし、この条件ではAMラジオ周波数帯に及ばないので、さらに高周波のノッチ特性を試みる。

同一の電源回路において、クロック周波数をF_{ck}=420kHzに高め、パルス条件をW_H=2.0μs、W_L=1.0μsとして実装確認した。このときの理論的ノッチ周波数はF_N=1.0·N [MHz]とAMラジオ周波数帯のほぼ中間帯域であり、図4-30の実測スペクトラムでもノッチ周波数はF_N=1.05MHzとほ

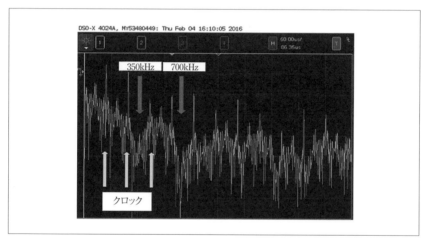

〔図4-29〕実装昇圧形PWC電源のスペクトラム（2）

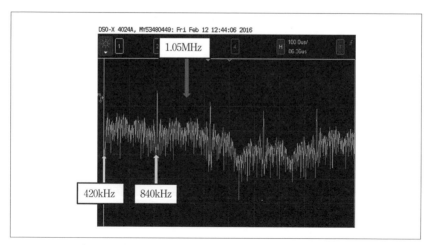

〔図4-30〕実装昇圧形PWC電源のスペクトラム（3）

- 110 -

ぼ一致している。

　今回はユニバーサル基板上に、アナログ回路によるコーディングパルス発生回路を作製しており、高周波化や高精度化はなかなか厳しい状況にある。今後、高周波クロックを利用したディジタル回路によるパルス発生回路とすれば、高精度にノッチ周波数を設定することができる。

■第4章　スイッチング電源とEMC

7．現状の特性と今後の課題

　今回のシミュレーションでは、図4-1の降圧形スイッチング電源を中心にスイッチ駆動 SWD 信号に2値のコーディングパルスを使用して、その SWD 信号のスペクトラムにノッチ特性を発生させている。パルスコーディング手法として、パルス幅コーディング PWC、パルス位置（位相）コーディング PPC、パルス周期コーディング PCC そしてパルス幅位置コーディング PWPC の複合方式によるノッチ特性を確認した。さらにこれらの PWC、PPC、PWPC 方式において、ノッチ周波数の理論的解析を示した。また、PWC 方式電源の実装評価により、理論式とシミュレーションによるノッチ特性を確認した。

　今後の研究方向として、更なる複合コーディング方式によるノッチ特性のシミュレーション確認と理論的解析を進める。また、PCC 方式を含めて複合コーディング方式電源の実装確認を検討していく。また、今回の提案方式では、スペクトラムにおけるメインクロックの EMI 低減が少ないので、前回提案のアナログノイズ利用の EMI 低減手法と組み合わせて、ノッチ特性の発生を検討していく。

　一方、現状のノッチ特性の設定は、鋸歯状波信号と基準電圧との比較によるアナログ回路手法のパルス幅設定あるいは位置設定であり、高周波化や高精度化は厳しい状況にある。今後の IC 化を見据えて、数十 MHz クロックを利用したディジタル的なパルス発生方式により高精度・高周波化をシミュレーションで検討していきたい。このとき、受信周波数が周知の周波数に切換えられた場合には、自動的にノッチ周波数を受信周波数に対応できるシステム構築も考えており、今後に報告できれば幸いである。

第5章

スイッチングノイズ対策法
疑似アナログノイズを用いたスペクトラム拡散
によるスイッチング電源のEMI低減化

1. はじめに

電子情報機器が発する EMC ノイズの規制は世界的に注目され、ますます規制が強化されつつあるとともに、その低減技術は注目されている。特にスイッチング電源は、小型・軽量・高効率の観点から、ほぼ全ての電子機器で使用されており、その EMI の低減に多くの努力が払われている。

従来より理想的には、ホワイトノイズのようなランダムなアナログノイズによるスペクトラム拡散が有効であることは知られていたが、このアナログノイズを発生する手法が困難であり、採用が見送られていた。これまでの EMI 低減手法としては、ディジタル技術を用いたクロック信号の位相変調（あるいは位置変調）手法によるスペクトラム拡散が主流であった。しかし、この拡散技術は、使用回路の規模が大きく、またクロック信号を必要としない一部のスイッチング電源には適用が困難なこともあり、新たな EMI 低減技術が望まれていた。

今回、EMI 低減技術として、ディジタル回路より発生したランダムな多値レベルのステップ信号を活用し、擬似アナログノイズによる位相／周波数変調のスペクトラム拡散手法を検討したので紹介する。

2. 従来のディジタル的なスペクトラム拡散技術
2−1 ディジタル的スペクトラム拡散の構成

　一般的なスイッチング電源では、図5-1に示すスイッチング電源構成において、パルス幅変調PWM信号により入力電力をスイッチング駆動し、そのスイッチングパルスのパルス幅を可変制御して負荷への供給電圧を一定に制御している。このようなPWM制御方式では、スイッチング素子において大電流および電圧を一定の周波数で高速スイッチングすることより、電磁妨害（EMI）問題が生じ、従来より大きな問題となっている。なお、鋸歯状波SAW信号の発生は、一定のクロック信号に同期して発生させる。また、パルス幅 D（Duty）の決定には、このSAW信号と、増幅された出力誤差電圧とを比較してPWM信号を得ている。

　ここで一般にEMIの低減には、SAW信号の位相（あるいは周波数）をランダムに多段階に変調して、PWM信号の位相を変調しスペクトラム拡散をおこなう。この結果、クロック周波数およびその高調波に集中する電磁エネルギーを周囲の周波数に拡散することにより、そのピークレベルを低減する。

　従来のディジタル的なスペクトラム拡散技術の構成を図5-2に、その各信号を図5-3に示す。図5-2において、SAW信号発生用のメインクロックをシフト用高周波クロックで多段階に位相シフトし、これらのシフトされたクロック群より一つの位相シフトされたクロックをランダム

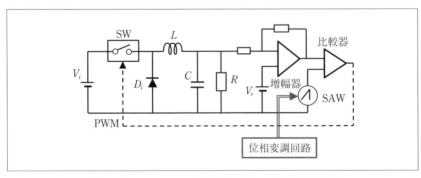

〔図5-1〕スイッチング電源とPWM位相変調回路

に選択し、SAW信号発生回路に供給する。このとき、ランダムな選択信号の発生に「M系列信号発生回路」を用い、そこに使用する「原始多

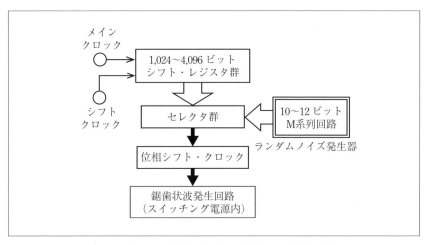

〔図5-2〕ディジタル方式スペクトラム拡散回路

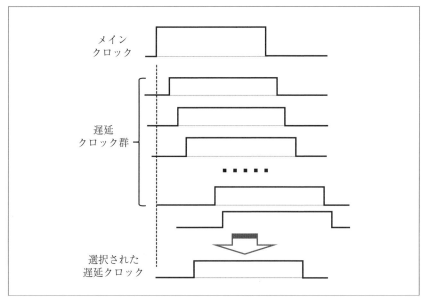

〔図5-3〕ディジタル方式の波形図

項式」として 10 〜 12 ビット程度を必要としていた。この結果、シフトされる段数は 1,024 〜 4,096 段階となり、同数のシフトレジスタ群とこれらを選択する同数のセレクトゲートが必要であり、非常に膨大なロジック回路を必要としていた。

さらに使用するシフト用クロックにも課題があった。上記技術を現状のスイッチング電源に適用する場合、最大位相シフト量 θ_{MAX} と SAW 信号用メインクロックの周期 T_0 の関係に注意を要する。つまり、位相の変化はランダムに選択されるので、最大位相変化量は最大シフト量 θ_{MAX} に一致する。したがって、$\theta_{MAX} < 0.5 \cdot T_0$ とした場合、SAW 信号のピークレベルも 2 倍に変化する。例えば PWM 信号の周波数を 200kHz（このとき周期は $T_0 = 5\mu s$）として最大シフト量を $T_{MAX} = 2.5\mu s$ とし、M 系列回路に $n = 10$ ビットを適用した場合、シフト用クロック周波数は 400MHz と非常な高周波であり実現が困難となる。

2-2 M 系列信号発生回路

原始多項式に基づき発生されるビット系列では、その一周期内で各レベルが一度ずつ現れる。たとえば、3 次式では下記の 2 通りの式が一般に用いられ、ブール代数にしたがい図 5-4 の構成で実現される。式 (1) に関してみると、3 次項 +2 次項を排他的論理和 Ex-OR で構成し、+1 はインバータによる反転を意味している。したがって図 5-4 のスイッチ端子は、上側端子に接続される。このような M 系列回路での発生レベル数 N は、ビット数を n とすると $N = 2^n - 1$ 個であり、図 5-4 の回路構成

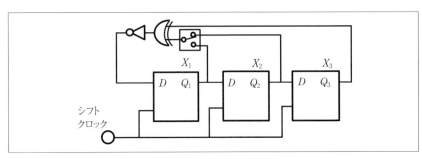

〔図 5-4〕M 系列回路（3 ビット）

では出現するレベルは0～6である。図5-5に各式によるM系列回路の発生ビット列を、D/A変換して多値レベルのステップ信号を連続的に並べて示す。また。4次式の一例を、式(5)～(8)に示す。なお、M系列回路には他の回路構成もあり、また10ビットにおける原始多項式も多数あるので、ここでは割愛する。

$G(x) = x^3 + x^2 + 1 = 0$ ……………………………………… (1)

　パターン列：0-1-3-6-5-2-4- ……………………………… (2)

$G(x) = x^3 + x + 1 = 0$ ………………………………………… (3)

　パターン列：0-1-2-5-3-6-4- ……………………………… (4)

$G(x) = x^4 + x + 1 = 0$ ………………………………………… (5)

　パターン列：0-1-3-7-14-13-11-6-12-9-2-5-10-4-8- ……… (6)

$G(x) = x^4 + x^3 + 1 = 0$ ……………………………………… (7)

　パターン列：0-1-2-5-10-4-9-3-6-13-11-7-14-12-8- ……… (8)

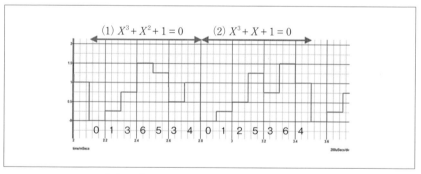

〔図5-5〕M系列回路の出力ステップ波形

■第5章 スイッチングノイズ対策法

3．擬似アナログノイズによるスペクトラム拡散技術
3-1　擬似アナログノイズの発生と周波数変調方式

　今回紹介するスペクトラム拡散技術は、3ビットM系列回路の出力にLPFを施したアナログ信号（この信号を我々は「擬似アナログノイズ」と呼ぶ）を用いる。しかし、この擬似アナログノイズもディジタル回路の出力より作成しており、周期的なアナログ信号であることは避けられない。今回、スペクトラム拡散の効果を比較するために、LPF出力のみによる位相変調方式を図5-6により実現している。同図では、メインク

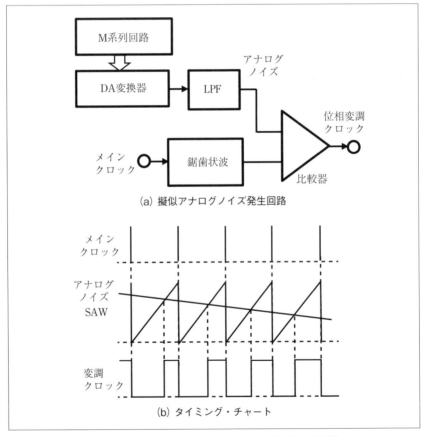

〔図5-6〕擬似アナログノイズによる位相変調回路

ロックにより発生した鋸歯状波信号と擬似アナログノイズを比較することにより、その出力パルスの立上り位相は変調される。この位相変調パルスにより、スイッチング電源内の SAW 信号を発生させることにより、電源の PWM 信号の位相を変調してスペクトラム拡散が実現できる。

　一方、擬似アナログノイズは周期性の信号であり、そのまま使用した場合のスペクトラム拡散の効果は、多く折り返しスペクトラムの影響等により拡散効果の少ないことが予想できる。そこで、図 5-7 のように電圧制御型発振器 VCO（Voltage Controlled Oscillator）を含む PLL 回路を設け、この制御信号に擬似アナログノイズを加算する。この場合、PLL 回路の応答特性が重要である。通常の PLL 回路は、基準クロックに高速に追従するように応答特性を設計するが、今回使用する PLL 回路は応答特性が不安定気味に設計する。つまり、入力信号の変化への応答が追従しきれない、あるいは図 5-8 のようにステップ応答特性がかなり振動的になるように設計する。この結果、PLL 回路の出力は常に擬似アナログノイズにより周期が振動的なパルスとなる。この場合、出力パルス列は周波数変調パルスであり、擬似アナログノイズの印加レベルやノイズ変化によりその周期が変化する。なお、周波数変調量に関しては、スイッチング電源の制御範囲内であるとともに、PLL 回路のダイナミックレンジにも注意が必要である。

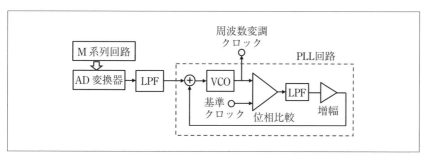

〔図 5-7〕擬似アナログノイズ＋ PLL 回路周波数変調回路

■第5章 スイッチングノイズ対策法

3－2　スペクトラム拡散のシミュレーション結果

3ビットM系列信号を用いて、擬似アナログノイズ拡散方式を降圧形スイッチング電源に適用した場合のシミュレーション結果を、PWM信号のスペクトラムで比較して図5-9に示す。同図(a)に無変調時のスペクトラムを、(b)に式(1)による擬似アナログノイズを用いたPLL方式スペ

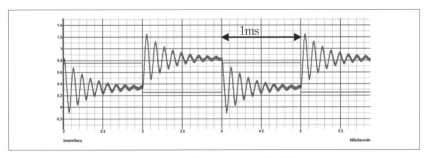

〔図5-8〕PLL回路のステップ応答特性

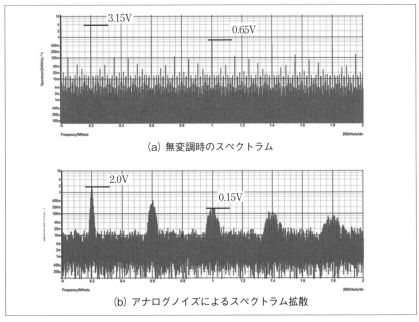

〔図5-9〕擬似アナログノイズ変調によるスペクトラム拡散

－ 122 －

クトラム拡散結果を示す。使用したシミュレーションソフトはSIMPLIS Ver.7.2であり、FFT適用範囲はシステムが安定な$T=5\sim15\mathrm{ms}$として2MHzまでを表示した。この結果、無変調時の基本クロック（200kHz）のスペクトラムレベルは3.15Vであり、本方式によるスペクトラムレベルは、周囲にサイドバンドが発生してエネルギー拡散しており、2.0Vと-1.15V（約-2.0dB）低減している。5倍の高調波（1MHz）では、無変調時の0.65Vに対し、本方式では0.15Vと-0.5V（-6.37dB）の低減である。

なお、使用した降圧形スイッチング電源の仕様を表5-1に、この時の出力電圧リップルと擬似アナログノイズの関係を図5-10に示す。出力リップルは12mVppと十分に小さいが、擬似アナログノイズによる変調の影響を受けており、リップル波形がノイズ波形と類似している点に注意したい。

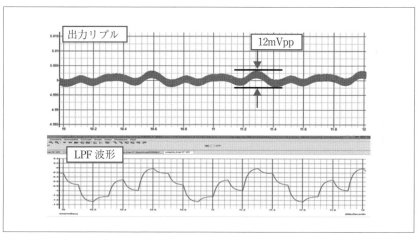

〔図5-10〕出力電圧リップルと擬似アナログノイズの関係

〔表5-1〕スイッチング電源の仕様

V_{in}	9.0 V
V_o	5.0 V
I_o	0.5 A
L	10μH
C_o	470μF
F_{ck}	200kHz

■第5章　スイッチングノイズ対策法

4．擬似アナログノイズの周期性拡張による拡散効果の改善

4－1　周期性拡張による新 M 系列回路

上記に提案した擬似アナログノイズを用いた PLL 方式スペクトラム拡散技術では、3 ビット M 系列回路による 7 レベルのパターン列により擬似アナログノイズを発生していた。この場合、スイッチング電源の外乱による PWM デューティの変化が加わり、偶数倍高調波においてはより大きな低減効果が期待できる。しかし、アナログノイズの周期性（7クロック周期長）を有することは否めない。ところがこの M 系列回路の出力レベル配列を適時切換えることにより周期性を長くできれば、擬似アナログノイズのランダム性は高まり、スペクトラム拡散はより効果的になると考えた。

そこで M 系列回路の発生パターンを見直すと、3 次の原始多項式は先述のように 2 式あり、その発生パターンは図 5-5 のように異なる。したがって、M 系列回路の出力ビットのレベル $L=0$ を検出して、一周期毎に図 5-4 の Ex-OR ゲートへの入力信号をスイッチで切換えることにより、周期長を基本の 7 クロック周期 $T_{MO}=7 \cdot T_{CK}$ の 2 倍の $T_1=2 \cdot T_{MO}=14 \cdot T_{CK}$ に拡張できる。一方、7 レベルの配列方法としては、配列の基準をレベル 0 として考えると、全体で次式の 5,040 通りある。しかし、上記手法では、わずかに 2 通りしか使用しておらず、その他に多数の配列順序があることが理解される。たとえば、M 系列回路の 3 ビット出力の反転切換えやビット入替え、さらには所定のビットレベル禁止手法等により多くのビット配列を実現できることが理解できる。

4－2　ビット反転による周期性の拡張

上記の観点より出力ビットを適時反転させることにより、次式のように 8 倍のビット配列を実現できる。この配列はすべて異なっており、周期長を $T_2=16 \cdot T_{MO}=112 \cdot T_{CK}$ に拡張できる。そこで図 5-11 に示す回路のように、T_2 周期毎に 3 ビットカウンタをトリガし、その出力により M 系列回路の出力を反転する。この結果、2 つの原始多項式に対して、次の 14 通りのパターンを追加できる。ビット反転による出力パターンを図 5-12 に示す。

A) 原始多項式(1)の反転
0) 反転無し：0-1-3-6-5-2-4- ……………………………… (A−0)
1) Q_1 反転：1-0-2-7-4-3-5- ……………………………… (A−1)
2) Q_2 反転：2-3-1-4-7-0-6- ……………………………… (A−2)
3) $Q_1 Q_2$ 反転：3-2-0-5-6-1-7- ……………………………… (A−3)
4) Q_3 反転：4-5-7-2-1-6-0- ……………………………… (A−4)
5) $Q_3 Q_1$ 反転：5-4-6-3-0-7-1- ……………………………… (A−5)
6) $Q_2 Q_3$ 反転：6-7-5-0-3-4-2- ……………………………… (A−6)
7) 全部反転：7-6-4-1-2-5-3- ……………………………… (A−7)

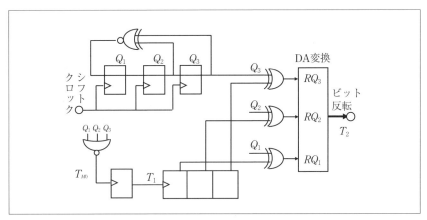

〔図5-11〕M系列出力のビット反転回路

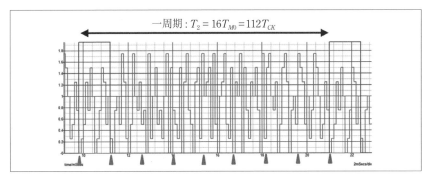

〔図5-12〕ビット反転によるアナログノイズの周期性拡張

− 125 −

B) 原始多項式 (2) の反転
　0) 反転無し：0-1-2-5-3-6-4- ……………………………… (B−0)
　1) Q_1 反転　：1-0-3-4-2-7-5- ……………………………… (B−1)
　2) Q_2 反転　：2-3-0-7-1-4-6- ……………………………… (B−2)
　3) $Q_1 Q_2$ 反転：3-2-1-6-0-5-7- ……………………………… (B−3)
　4) Q_3 反転　：4-5-6-1-7-2-0- ……………………………… (B−4)
　5) $Q_3 Q_1$ 反転：5-4-7-0-6-3-1- ……………………………… (B−5)
　6) $Q_2 Q_3$ 反転：6-7-4-3-5-0-2- ……………………………… (B−6)
　7) 全部反転：7-6-5-2-4-1-3- ……………………………… (B−7)

4−3　ビット入替えによる周期性の拡張
　さらに上記の出力ビットを入替えることにより、次式のように新たに6倍のビット配列を実現できる。この配列は上記のビット配列を含めてすべて異なっており、周期長を $T_3 = 16 \cdot 6 \cdot T_{MO} = 96 \cdot T_{MO} = 672 \cdot T_{CK}$ に拡張できる。そこで図5-13の示す回路のように、ビット反転用カウンタの T_2 周期毎に6進カウンタをトリガし、その出力により上記のビット出力を入替える。この結果、2つの原始多項式に対して、次の12通りのパターンを新たに追加してパターン周期性を拡張できる。なお、ここでは紙面の関係で、式 (2)(4) の基本パターンに対してのみ、ビット反転による結果を示す。ビット反転およびビット入替えによる出力パターンを図5-14に示す。ビット反転の T_2 周期の6周期分で、70msに近い長

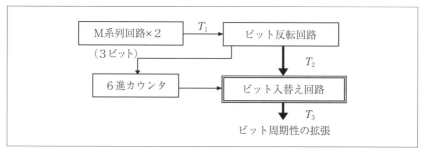

〔図5-13〕M系列出力のビット入替え回路

周期を実現している。

C) 原始多項式（1）の入替え
   0) $Q_1 Q_2 Q_3$: 0-1-3-6-5-2-4- .... (C-0)
   1) $Q_1 Q_3 Q_2$: 0-1-5-6-3-4-2- .... (C-1)
   2) $Q_2 Q_1 Q_3$: 0-2-3-5-6-1-4- .... (C-2)
   3) $Q_2 Q_3 Q_1$: 0-4-5-3-6-1-2- .... (C-3)
   4) $Q_3 Q_1 Q_2$: 0-2-6-5-3-4-1- .... (C-4)
   5) $Q_3 Q_2 Q_1$: 0-4-6-3-5-2-1- .... (C-5)

D) 原始多項式（2）の入替え
   0) $Q_1 Q_2 Q_3$: 0-1-2-5-3-6-4- .... (D-0)
   1) $Q_1 Q_3 Q_2$: 0-1-4-3-5-6-2- .... (D-1)
   2) $Q_2 Q_1 Q_3$: 0-2-1-6-3-5-4- .... (D-2)
   3) $Q_2 Q_3 Q_1$: 0-4-1-6-5-3-2- .... (D-3)
   4) $Q_3 Q_1 Q_2$: 0-2-4-3-6-5-1- .... (D-4)
   5) $Q_3 Q_2 Q_1$: 0-4-2-5-6-3-1- .... (D-5)

4-4 新M系列回路出力によるシミュレーション結果

上記のように、M系列回路の出力を操作して、出力ビット列の周期性を拡張した回路を「新M系列回路」と呼ぶ。この回路を用いた周波数

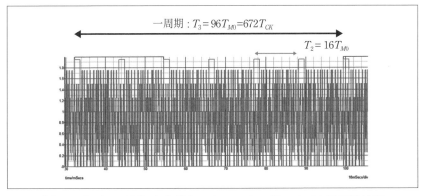

〔図5-14〕ビット反転＋入替えによるアナログノイズの周期性拡張

■第5章 スイッチングノイズ対策法

変調クロックをスイッチング電源に適用し、そのPWM信号のスペクトラム拡散の結果をシミュレーションにより比較して図5-15に示す。最

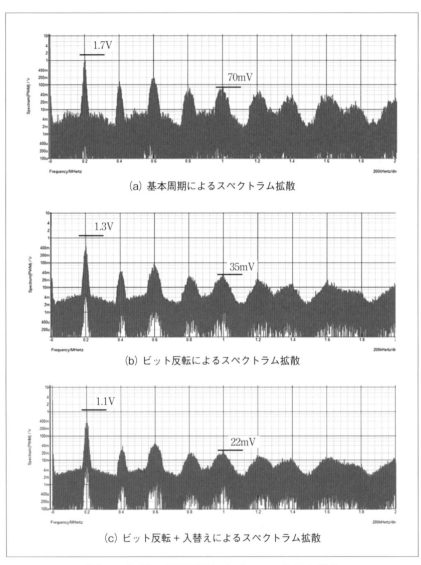

〔図5-15〕新M系列回路によるスペクトラム拡散

大周期長は 50ms に及ぶので、改めて基本ビット周期 T_{M0} のスペクトラム拡散結果 (a) と、ビット反転のみの T_2 周期によるスペクトラム拡散結果 (b) およびビット反転＋入替えによるスペクトラム拡散結果 (c) を比較検討する。200kHz のメイン周波数のピークレベルを比較すると、基本拡散 (a) では 1.7V であり、ビット反転方式 (b) で 1.3V (−1.2dB) に低減し、さらにビット入替えを加えた拡散 (c) では 1.1V (−1.9dB) である。また 1MHz の高調波レベルでは、基本拡散では 70mV であるが、ビット反転方式では 35mV (−3dB) と半減し、ビット入替え方式では 22mV (−5.0dB) に低減している。また、高調波全体に関しては、徐々に平坦化している。なお、ビット入替え方式によるスペクトラム拡散時のスイッチング電源の出力電圧リップルを図 5-16 に示す。アナログノイズの波形に類したやや大きめのリップル波形が見られるが、リップルの大きさは 13mVpp と十分に小さいことが確認できる。また、アナログノイズやリップルの波形には大きな周期性は見られず、新 M 系列回路からの擬似アナログノイズの非周期性が確認できる。

　なお、基本周波数のスペクトラムをさらに低減するには、擬似アナログノイズのスペクトラムを、スイッチング電源の共振周波数付近を避けて設定するとともに、VCO 回路をより大きく周波数変調させることにより、メイン周波数のピークレベルをさらに低減可能である。

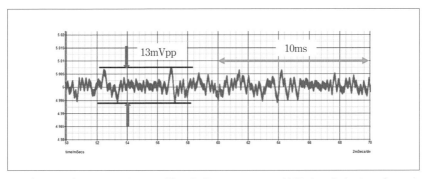

〔図 5-16〕ビット反転＋入替え方式スペクトラム拡散時の出力リップル

■第5章 スイッチングノイズ対策法

5. 現状の特性と今後の課題

本章のシミュレーションでは、図 5-1 の降圧形スイッチング電源の鋸歯状波発生回路に供給するクロックに、擬似アナログノイズを利用した周波数変調クロックを用いることにより、メイン周波数のピークレベルを低減し、また線スペクトラムを十分に削減し、その高調波における包絡線を滑らかに大きく低減している。スイッチング電源に使用するPWM 周波数や制御系の応答特性により、M 系列回路のクロック周波数を設定するとともに、PLL 回路の変調度を最適化することが望ましい。また、回路設計する場合には、常にスイッチング電源の出力電圧リップルに着目すべきである。

本章はシミュレーションによる新方式のスペクトラム拡散手法およびその効果を示したが、今後は実装による回路設計およびスペクトラム拡散の効果を確認する必要がある。一般的には出力リップルによる PWM信号のデューティ変化が加わり、偶数倍高調波のレベルはより低減されると思われる。

一方、リップル制御電源やソフトスイッチング電源ではクロック信号を使用しないが、もちろんスイッチング動作は行われる。このような種類のスイッチング電源においても、定常状態ではスイッチング周波数は一つに集中し易く、同様に EMI 低減が必要である。本章で検討した擬似アナログノイズを応用したスペクトラム拡散技術を、このような特殊電源へ適用するスペクトラム拡散技術を検討中であり、今後に報告できれば幸いである。

第6章

スイッチング電源のノイズ事例
鉄道電源のEMC

１．はじめに

鉄道電源というと車両に電力を供給する地上側の電力設備や車両内の静止型補助電源装置などがあげられるが、本章における「鉄道電源」は、車両に搭載される制御機器に組み込まれる出力容量が数 W ～ 数 kW 程度のスイッチング電源装置について示す。

2. EMC とは

EMC とは、ElectroMagnetic Compatibility の略文字で電磁気両立性と呼ばれ、外部に電磁気妨害をあたえる程度を表したエミッション：ElectroMagnetic Interference と、外部より電磁の妨害を受けたときの耐量を表すイミュニティ：ElectroMagnetic Susceptibility をあわせたものである（図6-1）。

EMC を語るときに「ノイズ」という用語が用いられ、いろいろな定義があり「雑音」と訳されることもあるが、ここでは、機器の動作を妨げる可能性のある電磁気的なエネルギーをノイズとする。つまりノイズには、電子装置に障害を与える EMI ノイズと、障害を受ける EMS ノイズがある（図6-2）。

また、ノイズの伝わり方は、空間を伝播していく放射ノイズ（輻射ノイズ）と配線を伝わる伝導ノイズに分けられ、さらに伝導ノイズはライン－ライン間に発生するノーマルモードノイズ（ディファレンシャル

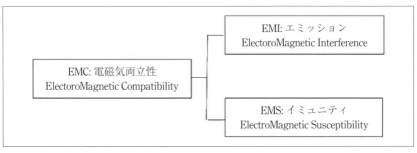

〔図 6-1〕EMC の定義

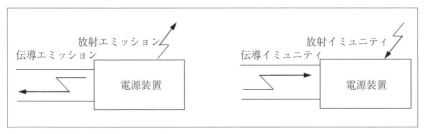

〔図 6-2〕EMI：エミッションノイズと EMS：イミュニティノイズ

モードノイズ）と接地（グランド：GND）ーライン間に発生するコモンモードノイズに分けられる（図6-3）。

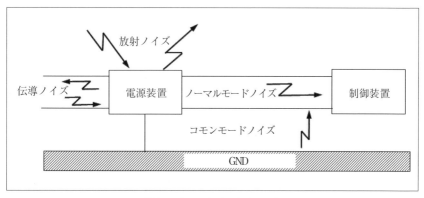

〔図6-3〕ノイズの伝わり方

3. 鉄道電源の EMC 対策

　当社は鉄道車両用制御機器に組み込まれる電源装置の専門メーカである。創業は1940年で各種電子機器、ミリ波管用高圧電源や高出力パルス発生器などの特殊設備機器の設計・製造を行っていた。電源装置の製造・販売を始めたのは1960年に入ってからであり、当初より鉄道車両制御機器に特化した電源装置の開発を行ってきた。

　1963年に東京オリンピックが開催され東海道新幹線が開通した。当時はチョッパー制御方式の電源装置も存在したが、0系新幹線をはじめ当時の鉄道車両制御機器にはトランジスタによる直列制御を行うドロッパー式電源が搭載された（図6-4）。

　1960年頃の当社フィールドデータを調査したところ、エミッション的な障害を与えた記録はないが、イミュニティとして直流電動機のフラッシュオーバによると思われる電源装置の破損が発生していた。また、当時の車両はリレーや電磁弁が使われており、開閉時のノイズにより過電圧保護回路の誤動作が発生している。このため、車両で使われるリレーと電磁弁を組み合わせて、電源装置の入力ラインや出力ラインにノイズを重畳させる試験装置を製作して全数検査を行った。

　1970年後半に入ると一部の制御機器を除き車両用の電源装置はス

〔図6-4〕1960年頃の車両搭載ドロッパー式電源装置

イッチング化され制御機器も電子化が進んだ（図6-5）。この頃から誘導無線や自動列車制御装置（ATC）といった機器に対してエミッションによる障害が発生している。

1985年にはCISPRやIECにより「情報処理装置および電子事務用機器等から発生する妨害波の許容値と測定法」が勧告されたが、鉄道電源に対しては適用を要求されることは多くはなかった。

当時は、1μsec、2kVの矩形波によるインパルスノイズ試験や$1.2 \times 50\mu$の雷サージ試験によるイミュニティ評価が主流であり、携帯電話が普及し始めると同時に携帯電話のアンテナを電源装置の筐体に近接または接触させた状態で耐性の評価を行った。

その後、さらに鉄道車両の電子化が進むにつれて制御機器のデジタル化が行われ、信号電圧や動作電圧の低電圧化が進み、相対的にノイズの影響を受けるようになってきた。

2003年に鉄道システムを対象としたEMCの国際規格として欧州規格であるEN 50121をベースにしたIEC 62236シリーズが発行された。現在、IEC 62236のPart3-2がJIS規格の「鉄道車両　電子機器」JIS E 5006 2005にも引用されている。

〔図6-5〕1970年後半の車両搭載スイッチング電源装置

■第6章　スイッチング電源のノイズ事例

4．IEC 62236 規格の概要

　IEC 62236 シリーズは表 6-1 に示すパートにて構成される。このうち Part3-2 が鉄道車両用での使用を目的とする電気・電子機器に対して、EMC のエミッションとイミュニティの両方に適用される。以下、この規格の概要を下記に示す。

　なお、試験条件、限度値、厳しさについては最新の規格書を参照する必要がある。また、測定・試験の名称は一般的に使われている用語で表記したが原文を参照すること。

　IEC 62236-3-2 では、表 6-2 に示すエミッション測定、イミュニティ試験が規定されており、ミッション測定に CISPR 11、イミュニティ試験に IEC 61000 シリーズを基本規格として引用している。これらの測定・試験は制御機器が取り付けられるポートにより選択される。ポートとは、電子機器と外部電磁環境とのインターフェイスを表しており、物理

〔表 6-1〕IEC 62236 のパート構成

No	Part	項目	英文
1	Part-1	一般	General
2	Part-2	鉄道システム全体からの外界へのエミッション	Emission of the whole railway system to the outside world
3	Part3-1	鉄道車両―列車および車両	Rolling stock - Train and complete vehicle
4	Part3-2	鉄道車両―機器	Rolling stock - Apparatus
5	Part-4	信号・通信機器のエミッションおよびイミュニティ	Emission and immunity of the signaling and telecommunications apparatus
6	Part-5	固定電源設備および機器のエミッションおよびイミュニティ	Emission and immunity of fixed power supply installations and apparatus

〔表 6-2〕IEC 62236-3-2 における EMC 測定／試験

区分	測定／試験項目	基本規格
エミッション	雑音端子電圧（伝導エミッション）	CISPR 11
	放射電磁界（放射エミッション）	CISPR 11
イミュニティ	静電気放電イミュニティ	IEC 61000-4-2
	放射無線周波数電磁界イミュニティ	IEC 61000-4-3
	電気的ファストトランジェント／バーストイミュニティ（EFT/B）	IEC 61000-4-4
	サージイミュニティ	IEC 61000-4-5
	伝導無線周波数電磁界イミュニティ	IEC 61000-4-6

的な境界となる部位（電力や信号の接続端子）である（図6-6）。

4－1　エミッション（EMI）の測定

エミッション測定は制御機器が接続されるポートに応じて限度値が定められている（表6-3）。

4－2　イミュニティ（EMS）の試験方法

イミュニティ試験も制御機器が接続されるポートにより試験項目、厳しさレベルが個別に定められる。このため電源装置も接続されるポートを考慮して、試験する項目を選択する必要があるが、実際は電源装置の入力、出力、筐体、接地に対して規格が要求する厳しさレベルで試験を行っている。

イミュニティ試験の場合、電源装置に妨害を与えたときにどのような状態になったら異常と判断するかを予め定めておく必要があり、基本規格となっているIEC 61000シリーズでは、その判定レベルに4段階のレベルを設けている（表6-4）。

また、試験時の電源装置の動作を観察する方法を定めておく。たとえば、放射無線周波数電磁界イミュニティ試験では試験中電波暗室内に立ち入ることができないためにTVカメラ等にて電源装置の動作を監視す

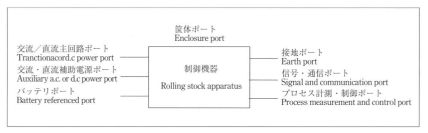

〔図6-6〕ポートの概要

〔表6-3〕ポートと試験項目

ポート	試験項目
ACまたはDCの補助電源ポート	雑音端子電圧（伝導エミッション）
バッテリポート	雑音端子電圧（伝導エミッション）
プロセス計測・制御ポート	雑音端子電圧（伝導エミッション）
筐体ポート	放射電磁界（放射エミッション）

- 139 -

■第6章　スイッチング電源のノイズ事例

る。このとき監視機器類はイミュニティの影響を受けないようにする。
　規格全般に言えることであるが、規格が示す試験・測定は外的影響を
受けない安定した再現性の高い環境のなかで行われる。しかし、鉄道車
両は良好な接地環境が得られないばかりか、装置収納スペースの観点か
ら理想的な配置とはならないケースが多い。

〔表6-4〕IEC 61000 シリーズの結果判定

性能基準	判定内容
A	仕様の許容値内の正常な動作
B	自己回復可能な機能または動作の一時的な劣化もしくは喪失の発生
C	人間の操作もしくはシステムをリセットする必要が起こる機能または動作の一時的な劣化もしくは喪失の発生
D	機器（部品）もしくはソフトウェアの損傷、またはデータの消失による回復不可能な機能の劣化もしくは喪失の発生

〔表6-5〕400Vrms 以下の補助用 AC 電源入力ポートにおける試験項目

ポート	項目	性能基準
400Vrms 以下の補助用 AC 電源入力ポート	EFT/B	A
	サージ	B
	伝導無線周波数電磁界	A

〔表6-6〕バッテリポートにおける試験項目

ポート	項目	性能基準
バッテリポート	EFT/B	A
	サージ	B
	伝導無線周波数電磁界	A

〔表6-7〕信号、通信、プロセス計測・制御ポートにおける試験項目

ポート	項目	性能基準
信号、通信、プロセス計測・制御ポート	EFT/B	A
	伝導無線周波数電磁界	A

〔表6-8〕筐体ポートにおける試験項目

ポート	項目	性能基準
筐体ポート	放射無線周波数電磁界イミュニティ	A
	デジタル無線電話による放射無線周波数電磁界イミュニティ	A
	静電気放電イミュニティ	B

－ 140 －

このため、実際装置に取り付けて車両を走らせてみないとノイズの影響がわからないケースも多く発生する。従って、規格を満足することは一つの目安とはなるが、実際に車両に搭載したときにノイズの影響がないことを保証することはできない。

■第6章　スイッチング電源のノイズ事例

5．鉄道車両の特異性

　地上固定の一般的な電源装置と鉄道車両に搭載される電源装置の実装環境の違いを下記に示す。

　鉄道車両の制御機器は表6-9に示す特異点があり、この環境下においても製品仕様を満たすように設計、製造されてはじめて鉄道の安全、安心、安定輸送につながる。

　このため、鉄道車両に搭載される電源装置はこれらの環境条件を満たすべく設計、製作されている。

　なかでも、鉄道車両は移動体である点が地上固定機器と比べて大きく異なる。一般的に電子機器は安全面の観点から浮遊電位をなくすために大地と低インピーダンスにて接続されるが、鉄道車両はそれ自体が移動体であることから、大地と良好な接続を維持するのは困難である。このため、鉄道車両に搭載される電子機器は十分な接地が得られない条件を前提にEMC対策が行われることになる。

　車両に搭載される制御機器は、接地線を用いて機器と車体、車体と車体間で接地を行っているが、この接地点のインピーダンスは機器の配線や引き回しにより異なるため、電位は車両ごとに異なる場合がある。このため、同じ列車においても車両の号車によりノイズレベルが異なり、同じ機器でも車両号車により影響が異なる。

　また、鉄道車両用制御機器の実装環境にも地上固定機器と比較して異なる点がある。以下にその概要を示す。

(1) 電源装置の入力電圧

　日本では制御機器用の電源装置の入力電圧はDC100Vが主である。こ

〔表6-9〕鉄道車両機器の特異点

	地上固定機器との違い	影響
1	温度範囲が広い	故障、劣化の加速
2	急激な温度変化を受ける	金属疲労や結露の発生
3	有害雰囲気に曝される	接点障害、変質、リーク
4	振動、衝撃を受ける	疲労破壊、変形
5	外的な電磁気影響を受ける	過電圧、サージ、ノイズ
6	移動体である	良好な接地が得られない

－ 142 －

のDC100Vは、架線からの電力を変換して得られるが、架線電圧は、直流区間でDC1,500V、交流区間ではAC20,000V（新幹線ではAC25,000V）である。この架線電圧を（交流の場合はトランスで降圧して）静止型補助電源装置と呼ばれる機器にて電力変換を行い、制御機器や電源装置にDC100Vを供給している。このDC100Vは電源装置だけでなく、その他の制御機器にも供給されている。

(2) 電源装置の実装場所

　制御機器は車両の床下にある機器箱に集約されるため電源装置も同じ場所に設置される。床下は限られた空間であるため、その配置にはスペース的な制約があると同時に床下機器箱には、モーターを駆動するためのパワー機器の他、数百Aの電流が流れる配線ケーブルや回路を開閉する接触機や遮断機などが配置され、制御機器用電源はこのような機器近傍で使用されることになり、これらの機器による影響は無視できない。

(3) 外的な電磁気影響

　車両走行時のパンタグラフと架線の離線が起こるとアークによるノイズが発生する。また、最近の車両はモータを駆動するのに主変換装置（VVVFインバータ）と呼ばれるPWMインバータを採用していることから、高調波による影響が大きい。特に力行と呼ばれるモータ駆動時に発生する高調波が電源入力電圧に重畳される場合がある。

■第6章　スイッチング電源のノイズ事例

6．鉄道電源の EMC 対策

　EMC 対策はエミッションとイミュニティの対策に分けられ、伝導性と放射性ノイズに分けて行う。電磁気的なノイズは数 kHz ～数 GHz の広範囲の周波数帯域をもつため一つの対策ですべての周波数帯域をカバーすることは困難であり帯域に応じた適切な対策が必要になる。

　ノイズの伝搬方法には、直接結合、共通インピーダンス結合、静電結合、誘導結合があり、ノイズは周波数成分が高いこともあり配線で直接接続されていなくても配線間の静電容量（静電結合）や電磁誘導（誘導結合）でノイズが伝搬することを考えた上で対策が必要になる。

6－1　エミッション

　スイッチング電源はノイズの発生源となる。これは使われている素子の物理的な動作、回路動作によるものであり、スイッチング素子（MOSFET、IGBT 等）のターンオン／ターンオフ動作、高速整流ダイオードのリカバリ動作が主なノイズ発生源である。

　従って、放射電磁界（放射エミッション）および雑音端子電圧（伝導エミッション）の対策は、いずれにおいても発生ノイズをいかに小さくするかが重要である。

6－1－1　発生ノイズの低減対策

　ノイズの発生を抑えるには、不必要な電圧・電流の変化をさせないことが必要であるが、スイッチング電源はスイッチング動作をさせることで電力変換を行っているため、電圧・電流の変化を排除することは不可能である。

　このためスイッチング用パワー FET のゲート電圧波形の立ち上がり時間 $\tau(dv/dt)$ を遅らせるためにゲート抵抗の調整やフェライトビーズを挿入するなどの工夫が行われている。

　また、スイッチング動作により生じたスパイクノイズを低減させるためにコンデンサ C、抵抗 R、コイル L、ダイオード D を組み合わせたスナバ回路によりスイッチング素子のターンオン／オフ時に発生する急激な電流の変化を抑制し、発生したノイズ電圧を吸収させる方法がとられている。

　スナバ用コンデンサには高周波特性に優れた低インピーダンス、高リップル耐量品を選定し、スナバ用抵抗には巻き線型抵抗より金属皮膜

- 144 -

抵抗のようなインダクタンス成分の少ないタイプを採用している。

　ノイズ対策にコンデンサを使用する場合、コンデンサの自己共振周波数：f_oを考慮したうえで使用する必要がある。コンデンサは自己共振周波数：f_oまでは、インピーダンスが低下するがこの周波数を超えるとインピーダンスは上昇する。このため、いくつかの容量の異なるコンデンサを複数組み合わせて対策を行うことが多い（図6-7）。

　その他、スイッチング電源のノイズの発生要因としてコイルのインダクタンス成分があげられる。これは回路上に存在するインダクタンス：Lと急激な電圧・電流の変化（di/dt）によりノイズ電圧：E_nが発生するものであるが、実際にはインダクタンス素子（コイル、トランス）がなくても配線、パターン、部品リードなどの等価的なインダクタンスで発生する（図6-8）。

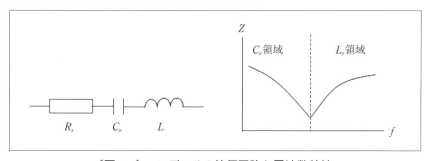

〔図6-7〕コンデンサの等価回路と周波数特性

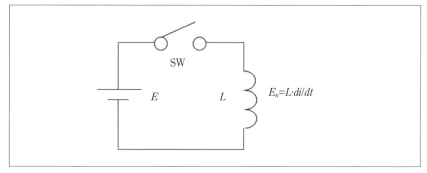

〔図6-8〕コイルによるノイズ電圧

■第6章　スイッチング電源のノイズ事例

6－1－2　放射電磁界（放射エミッション）の対策

自然空冷のため放熱効果を考慮した筐体でシールド効果（穴の配置や大きさ等）による対策をする。

6－1－3　雑音端子電圧（伝導エミッション）の対策

電源装置の入力部にEMC対応フィルタを入れ高周波ノイズの外部伝搬を防いでいる。

スイッチング動作によるノイズの干渉・重畳をさせない装置内部の部品配置・配線引き回し方法による対策をしている。

電源装置のスイッチング周波数もイミュニティの要因になり得る。鉄道システムは数Hz～数MHzまでの周波数帯域を信号機器や誘導無線などの搬送波として使用している。誘導無線は100～200kHzの長波を使うことや、ATC装置の搬送波に電源装置のスイッチング周波数が一致することで障害が発生する。このため、事前にスイッチング周波数を公開した上で顧客と調整するなどの対策を実施している。

6－2　イミュニティ

鉄道車両もノイズ発生源であり前項に示すように特異的な環境条件によるものと制御機器がPWMインバータのようなパワーエレクトロニクス化していることに起因する。

6－2－1　静電気放電イミュニティの対策

車両に搭載される電源装置は人体が触れることができない場所に設置される。このため静電気放電によるイミュニティは発生しにくいが、車内装置など乗務員が操作する装置については静電気に対する対策が必要になる。

静電気を発生させないために摩擦を避けて人体に帯電（静電気を帯びない）させないことが大切であるが、静電気放電されたエネルギーを逃がす対策が機器側にも必要である。具体的には人体が接触する筐体面から接地回路への電流経路をつくり確実に接地を行う。

しかし、電子機器の筐体（ケース）は錆を防ぐために塗装やメッキ処理されている場合があり接地回路まで良好な導通を得られない。このため、筐体の接続面に導電塗料を塗布する、塗装を剥がす、導電性の材料

－ 146 －

で接続する方法が必要になる。

6－2－2 磁界イミュニティ対策

電源装置の近傍に大型のトランスやコイルがあると磁界の影響を受けることがある。この場合は磁気シールドを実施する。シールド材には鉄、銅、パーマロイ等が使用されるがアルミ材による静電シールドでは効果がない。また、磁気シールドは、特定の方向または全方向かによりその対策内容が変わる。

6－2－3 伝導性イミュニティ対策

電源装置の電源ラインから侵入するノイズ対策方法には、電源装置の1次側（入力）にフィルタ回路を構成して対処している。

ノイズフィルタは、ノーマルモードコイルとコモンモードコイルにアクロス・ザ・ラインコンデンサ（Xコンデンサ）とショートパスコンデンサ（Yコンデンサ）を組み合わせた構成となっており、コイルとコンデンサの周波数に対するインピーダンス特性が互いに逆に作用することを利用して不要な周波数成分を低減する仕組みとなっている（図6-9）。

ノーマルモードノイズはアクロス・ザ・ラインコンデンサ（C_x）でノイズを吸収し、コモンモードノイズはショートパスコンデンサ（C_y）によりグランドと電源・信号ライン間を交流的に短絡状態にしてノイズ電圧の発生を抑制する。ただし、ショートパスコンデンサを実装することでノイズ伝搬経路を形成してしまう場合がある。

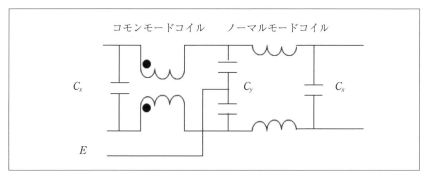

〔図6-9〕ノイズフィルタの構成例

■第6章　スイッチング電源のノイズ事例

　電源装置の DC100V の入力ラインに他の制御機器が接続されている場合、入力電圧に交流成分が重畳されてしまうと、交流成分の谷点において電源装置の入力電解コンデンサから他の制御機器に対して電流が流れ出る現象が発生する（還流現象）。

　この流れ出る電流は大きな電流となるため、入力フィルタが損傷したり、Fuse が溶断する場合がある。このため、DC 入力であっても電源装置の入力部位にダイオードを挿入してこの還流現象を防止している。

６－２－４　放射イミュニティ対策

　空間から電源装置に伝播してくるノイズの対策はシールドを行うことが基本となる。ノイズは含まれる周波数成分が高いため、電源装置を金属製の筐体に収容（シールド：電磁遮蔽）することで行うが、シールドには表 6-10、図 6-10 に示す種類があり適切な方法を選択しなくてはならない。

　シールドを行うには接地を確実に行う必要がある。接地線は「太く、短く」が原則であり配線が長くなると接地インピーダンスが増大してノイズの影響を受けることになる。また、接地方法には表 6-11、図 6-11 ～図 6-13 に示す種類があり適切な選択が必要になる。

〔表 6-10〕バッテリポートにおける試験項目

	シールドの種類	動作原理
1	静電シールド	ノイズ源との間に導体（アルミ板等）を置いて外来するノイズをグランドに逃がすことで静電誘導を防止する。このため、シールドが接地されていないと効果がない。
2	電磁シールド	ノイズ源との間に置かれた導体（鉄や銅板等）にて放射された電磁波の渦電流による反抗磁束で電磁波の作用を打ち消す。
3	磁気シールド	ノイズ源との間に設置された透磁率の高い磁性体により磁束を逃がす。

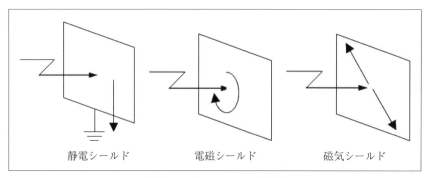

〔図 6-10〕シールドの種類

〔表 6-11〕接地の種類

	接地の種類	接地の特徴
1	共通接地	グランドまでの共通配線部分で回路間に影響を与えるため誤動作する事が多く接地方法として適切でない。
2	分離接地 （1点接地）	低周波帯域で一般的に使用される。高周波帯域では接地用配線のインダクタンスがインピーダンスを増加させる。
3	多点接地	高周波帯域において接地インピーダンスが十分に低い場合は有効である。ただし、電源ラインの一側を接地するのは共通インピーダスとなる。

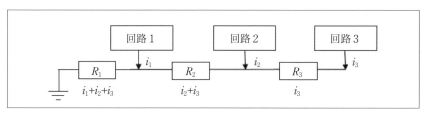

〔図 6-11〕共通接地

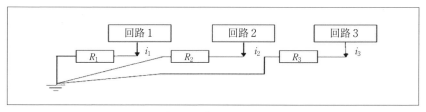

〔図 6-12〕分離接地

■第6章　スイッチング電源のノイズ事例

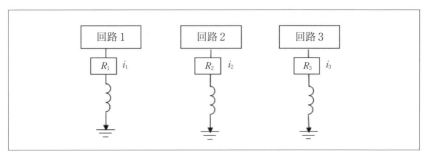

〔図6-13〕多点接地

7．EMC障害の事例

電源装置はノイズ（障害）を発生させる側とノイズ（障害）を受ける側の両側面が存在する。しかし当社の経験では、制御機器にノイズ影響を与えた場合は電源側で対処を行い、ノイズ影響を受けた場合においても電源側で対処を求められるのが現実である。以降に当社で実際に行ったいくつかの対策事例を紹介する。

7－1　1次－2次ショートパスコンデンサの影響

電源ノイズ対策の一環として、1次側（入力）にYコンデンサを使用して、ラインと接地間を交流的にショートさせる方法があるが、同じ目的で1次（入力）側と2次（出力）側を交流的にショートパスさせるためにコンデンサで接続することがある。以下に示す事例はこのコンデンサが問題となった例である。

車両に搭載されるファンモーターの回転数が一定せず異常な音がする、と顧客より連絡があった。このモータはマイコンにより一定の回転数を保持するようになっている。製品を引き取り後、スイッチングノイズやその他の電気的特性について調査を行ったが異常は認められなかった。

次に顧客工場で装置と組み合わせて実施したが異常は認められなかったために、実際の車両にて調査を行ったところ、モータの回転数が正常値に対して数％変動することやモータから異音が発生することが確認された。

調査の結果、電源の1次側（入力側）からのノイズがコンデンサを介して2次側（出力）に重畳していることが判明した（図6-14）。

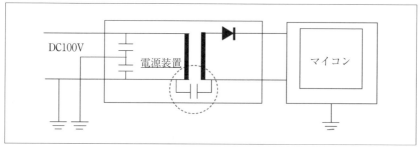

〔図6-14〕1次－2次間のコンデンサ

■第6章　スイッチング電源のノイズ事例

７－２　スイッチング周波数の影響

　車両には、列車無線、誘導無線、信号（ATC 等）装置、放送装置、画像処理装置等多様な機器が搭載されており、その信号搬送波は数 Hz ～数 MHz まで及ぶ。

　搬送波や信号周波数に影響を与えないようにスイッチング電源側のスイッチング周波数（基本波）の調整を行う場合があり、調整方法はケースバイケースであるが、信号周波数が一定の場合は、基本波×奇数倍、一定でない場合、基本波×整数倍とする。

　その他、車両用制御機器ではないが、車両のドア上部に設置されたスイッチング電源からのノイズが乗客の短波ラジオに影響をあたえ、乗客からノイズで放送が聞こえない、と苦情が生じたケースもある。

７－３　過大ノイズやフラッシュオーバーに対する対策

　車両に使われているスイッチング電源の PowerMOS-FET（以下 FET）が破損する故障が発生した。破損した FET を調査しても電圧、電流、電力、ジャンクション温度などのディレーティングには問題なく、外部より入力や筐体にインパルスノイズを与えても故障が再現することはなかった。

　このタイプの FET は全体がエポキシの樹脂で覆われている（フルモールド）が、観察すると取付け部分にリードフレームの一部が露出している。当社ではこのようなフルモールド半導体でも絶縁シートを用いて沿面距離を確保していた。

　しかし、スイッチング電源の筐体は車体に接地されるため、筐体と入力ライン間に過大なサージが発生すると露出した電極と筐体間で放電が発生することが判明した。

７－４　その他

　電源メーカのカタログや取扱説明書には、「入力と出力の配線は分離して下さい、接地は最短距離で確実に行ってください」と記載されている。しかし、入力と出力が同じ配線になっていたり、電源装置の端子台部分で分離されているが元では同じように束ねられていることがある。接地についても、E 端子が開放であったり、接地用の配線が引き回され

ていることがある。

　対策を有効に行うには、ノイズが目に見えないという点では電圧、電流と同じであるが、ノイズは周波数が高いため、配線がつながっていなくても伝播していくことを知っておく必要がある。

■第6章　スイッチング電源のノイズ事例

8．EMC 対策の課題とまとめ

　これからの EMC 対策は、電源メーカといったパーツメーカレベルで
の EMC 対策も必要であるが、車両システム全体を捉えた上で EMC 対
策のマネージメントを行う必要性があると考える。つまり、車両システ
ムの上流側でトータル的に EMC をコントロールするマネージャーの存
在が望まれる。

　車両搭載用電源装置の開発初期段階（仕様打合せ）では、顧客に対し
て EMC に対する定量的な数値を求めることができない。なぜならば、
鉄道車両の場合、パーツメーカ、制御機器メーカ、車体メーカ、事業者
が別企業となっており、上流から下流までを俯瞰的に EMC を把握でき
る状態にない。

　また、EMC は実際に機器全体を動作させないとその影響を把握する
ことが困難である。電源装置を採用する制御機器メーカにしても、車体
からのノイズ発生状況が不明であり、ノイズの周波数帯域やレベルを定
量的に指示するのは困難であり、実際に動かしてみないとわからないこ
とが多い。このため、鉄道電源の EMC 対策は、前述のようにケースバ
イケースの対策となってしまうことが多いが、これまでの経験の共有化
を図り、初期の設計段階から EMC 対策をコントロールしていくことで、
想定外の障害の発生を防ぐことが期待される。

第7章

電源ノイズ対策手法
低電圧・高速化が進む
メモリインタフェースの低ジッタ設計

1. はじめに

本章では、低電圧・高速化が進むメモリインタフェース向けの信号品質設計技術として、電源雑音起因の信号波形乱れ（ジッタ）を低減するための設計手法を紹介する。特に、電源雑音設計で用いられるインピーダンス設計手法において、コストや実装面積とのトレードオフを緩和できるように、目標インピーダンスを周波数ごとに区分して定義する手法を提案する。まず本章では、なぜそのような設計技術が重要となってきているかについて、技術トレンドを俯瞰する。

近年の情報通信技術の発達により、様々なモノがいつでも、どこでもネットワークに接続される Internet of Things（IoT）の時代が到来しようとしている[25]。これはスマートフォンやタブレット端末などの急速な需要増加に伴うスマートデバイスの進化が背景にあり、最近では Google のめがね型ウェアラブル端末「Google Glass™」のような先端的なデバイスもコンシューマ向けに展開されつつある。他方、このようなスマートデバイスを企業の情報システムに活用し、顧客接点として企業が利用するケースも増えている。欧米では顧客向けの IT チャネルとしては、Web よりもスマートフォンなどのモバイル機器への対応を優先する「モバイルファースト」という考え方が広まりつつあり、これにより企業が個人のより詳細な行動や嗜好に関する情報の入手を狙っている[25]。

このような IoT 時代を支える情報機器には、先述したようにスマートフォンやタブレット端末に代表されるスマートデバイスと、それら端末の情報処理や大容量通信をバックエンドで支えるサーバやネットワーク機器があり、これらの性能向上の要求も継続的に上がっている。

端末機器や情報機器の性能を支える主要な技術の一つとして、主記憶やキャッシュとして用いられる DRAM および DRAM メモリインタフェースが挙げられる。DRAM 市場は、情報機器の市場の変化に合わせて、その中心軸が移行しつつある。情報機器の市場の変化で大きなものは、冒頭で述べたような背景からコンシューマ機器の市場の中心が PC からスマートデバイスに移行しつつあることで、2013 年第 2 四半期（2013 年 4 月～6 月）にはデスクトップおよびノート PC の稼働台数の合計が、

■第7章 電源ノイズ対策手法

ついにスマートフォンとタブレットの合計に追い抜かれたと見られている点に挙げられる[26]。これを受け、DRAMの用途別ビット需要の割合は「PC向け」「サーバ向け」「モバイル向け」で大きく変遷しており、2010年にはそれぞれ62%、15%、11%だった比率は、2013年には37%、20%、30%と変化し、PC向けが半減する一方でサーバおよびモバイル向けが大きく成長している[26]。

これら「サーバ向け」、「モバイル向け」のDRAMへの要求で大きい性能スペックが「高スループット」と「低電力」であり、これを受けてモバイル向けのDRAM規格であるLow Power Double Data Rate (LPDDR) とサーバ向けのDouble Data Rate (DDR) は高速化と低電圧化に向けた技術開発が優先的に進められている[27]。図7-1にこれらLPDDRとDDRの高速化と低電圧化のトレンドをまとめた。着目すべきは、DDRの低電力化を進めるために、DDR3Lのような電源電圧だけを低くして使えるようにした新しい規格が近年台頭してきていることにある。

このようなトレンドから、メモリインタフェースの設計は2つの観点で技術の困難さが増加すると捉えている。1つ目は、Gbpsを超えた製品が主流になりつつあることであり、1ナノ（＝10^{-9}）秒を下回るような

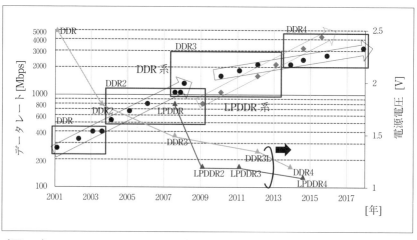

〔図7-1〕メモリインタフェースのデータ転送レートおよび電源電圧のトレンド

- 158 -

極めて小さい時間幅の信号を高信頼に伝送するインタフェース設計が求められる。2つ目は、1V 近傍の低電圧製品が主流になりつつあることであり、電源変動に対するマージンの低い状況下で高信頼に動作するような電源の低雑音設計が求められる。

　本稿では、このような2つのトレンドを踏まえた上で、これから高い設計難易度を要求される電源雑音起因のジッタ設計方法について取り上げた。特に、メモリインタフェースの主流はシングルエンド伝送のため、同時切り替えノイズ（Simultaneous Switching Noise：SSN）起因のジッタの設計が肝となる。これは、信号品質（Signal Integrity：SI）と給電品質（Power Integrity：PI）を同時に設計する SI/PI 練成の新しい設計技術であり、これに関する効率の良い設計アプローチについて紹介する。

■第7章　電源ノイズ対策手法

2．実装起因ノイズとジッタの関係

　本節では、高速化で問題となるジッタについて、実装起因ノイズとの関係をまとめる。ここで、ジッタとは信号波形における時間的な揺らぎを指し、信号が論理的に変化して電圧が遷移する特定電位を通過する時刻の変動幅のことである。また実装起因ノイズとは、LSIパッケージやプリント基板のような実装構造に起因したノイズであり、たとえば信号配線の特性インピーダンスの不整合による反射や、隣接配線との結合ノイズであるクロストーク、また電源やグランドのバウンスを指す。これらノイズは信号波形に対して、電圧方向の変動を与えるとともに、時間方向にも揺らぎを与え、これらがジッタの原因となる。

　まず、2-1節でタイミングバジェットとその中でのジッタの位置付けを示し、2-2節で実装起因ノイズによるジッタについて述べる。

2-1　タイミングバジェット

　メモリインタフェースの代表例としてDDR3L（データレート1333Mbps）を例に挙げ、信号伝送のためのタイミングバジェットの内訳を示す。表7-1で示すように、1333Mbps伝送では、データ信号1周期

〔表7-1〕DDR3Lにおけるタイミングバジェットの例

	#	タイミング項目	数値	単位	内訳[%]
1UIの定義	1	データレート	1333	Mbps	
	2	データ時間幅 (UI=1/#1)	750	ps	100.0
コントローラ分	3	回路内ジッタ、スキュー他	200	ps	26.7
実装分	4	SSN起因のジッタ	40	ps	
	5	反射・符号間干渉起因のジッタ	190	ps	
	6	ノイズ起因スキュー	105	ps	
	7	データ・ストローブ間配線スキュー	20	ps	
	8	実装に関するタイミングバジェット (#4+#5+#6+#7)	345	ps	46
メモリ分	9	セットアップ時間	45	ps	
	10	ホールド時間	75	ps	
	11	Vrefノイズによるタイミング変動	10	ps	
	12	メモリ分タイミングバジェット (#9+#10+#11)	130	ps	17.3
タイミングマージン	13	タイミングマージン (データ時間幅-バジェット合計)	75	ps	10

－ 160 －

分の時間幅はトータル 750 [ps] となる。ここでは、WRITE 動作時（すなわち、コントローラから DRAM への信号伝送）におけるタイミングバジェットを示しているが、DRAM の受信回路がデータを誤りなく保持できるようにセットアップ時間、ホールド時間の要求仕様を満たすように入力端子での信号波形を高品質に保つ必要がある。

　なお、ここではシステム設計者が購入品である DRAM 以外の要素であるコントローラ LSI とそれを実装するプリント配線基板を設計するケースで記載している。バジェットの内訳を大別すると、コントローラ分、実装分（コントローラ LSI パッケージおよびプリント基板）、メモリ分、およびタイミングマージンから成る。コントローラ分は、コントローラ LSI 内部の回路におけるジッタ、スキューが挙げられる。実装分はパッケージや基板に起因して発生するノイズや配線長差に起因したスキューが挙げられる。また、メモリ分には、データを保持するためのセットアップ時間、ホールド時間の他に参照電圧（Vref）のノイズ変動分による時間変動分が含まれる。これらの配分をデータ幅から差し引いた差分がタイミングマージンとなり、突発的な要因（外来ノイズの伝播他）で予測せぬジッタが発生してもシステムとしてはデータを正常に読み書きできる、システムの信頼性の高さを表す余裕度になる。

タイミングマージン（#13）＝データ時間幅（#2）－｜回路内ジッタ・スキュー（#3）＋実装起因ジッタ・スキュー（#8）＋メモリ内タイミングバジェット（#12）｜

　なお、図 7-2 にこの時間関係を図示する。図からわかるように高速化に伴い 1 周期あたりの時間が減るに従い、実装起因ジッタ・スキューへの配分が減ることとなり、より低雑音な実装系を効率的に設計する必要がある。

２－２　実装ノイズ起因ジッタ

　本節では、2–1 節に示したタイミングバジェットのうち実装ノイズ起因のジッタに着目してこれらを概説する。表 7-1 中の #4 および #5 が

■第7章 電源ノイズ対策手法

それであり、これらは電源設計起因と配線設計起因により生ずる。

前者のSSNは、出力回路が同時に同方向に遷移（例：Low → High）したときに電源やグランドに流れる過渡電流により引き起こされるノイズである。このノイズ発生メカニズムと雑音波形について、図7-3を用いて説明する。出力回路が一斉に同方向に切り替わると、受信回路において所定の電位になるよう信号配線に所望の電流が流れる。このとき給電ラインを含む2つの経路に過渡電流が流れることになる[28]。1つ目は、図7-3に示した電流経路1で、これは電源ライン（またはグランドライン）から信号に電流が流れる経路である。この電流経路により発生するノイズは、給電ラインと信号との間の実効インダクタンスLeffと信号切り替わり時に流れる遷移電流（i）の時間微分di/dtの積で決まる電圧による。もう1つは図中の電流経路2で、これは出力回路の貫通電流などにより電源からグランドに流れる電流であり、これは電源インピーダンス

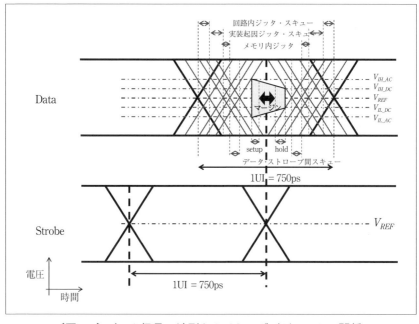

〔図7-2〕データ信号の波形とタイミングバジェットの関係

と電源ループに流れる電流で決まる。図7-3の右下に、SSNが発生したときのActiveバス（同時遷移した回路）とQuietバス（ここではLow出力に固定した回路）の電圧波形を示す。Quietバスに見られる振動波形がSSNである。領域Aが電流経路1によるノイズ、領域Bが電流経路2によるノイズである。これらノイズは信号切り替わり時の電位変動を引き起こすため、ジッタの要因となる。これらノイズを減らすためには、一般にはパッケージ配線設計とI/O電源のインピーダンス設計が肝となる。これについては、3節で再び述べる。

また、表7-1中の#5のジッタ要因には反射と符号間干渉（Inter Symbol Interference：ISI）がある。反射は、終端インピーダンスの不整合やバス配線の分岐、または伝送路中の特性インピーダンス不整合等によって引き起こされるノイズであり、DRAMの終端（On Die Termination：ODT）の使用、バストポロジの改善、配線インピーダンス設計により改

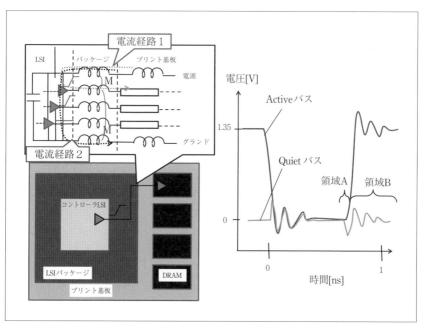

〔図7-3〕SSN波形とノイズ電流経路

■第7章　電源ノイズ対策手法

善が可能である。一般的には、これらは SPICE（Simulation Program with Integrated Circuit Emphasis）等の回路シミュレーションを用いたバラツキ考慮（電源電圧、温度、プロセス、配線の特性インピーダンス等）の解析によりジッタを評価し、配線トポロジや終端条件を改善して信号品質が最良となる実装条件で得られたジッタ量を配分することになる。また、ISI は前の信号の論理状態によって、後続の信号にノイズなどの影響が発生するもので、たとえば多重反射ノイズや伝送損失がその要因となる。伝送損失は通常の基板配線（伝送距離 ～ 15cm）で、かつ現状のデータレート（～数 Gbps）では大きな問題とはならないが、今後 DDR4 などさらに伝送レートが上がった場合にはジッタ要因としてきちんと盛り込むべきパラメータとなる。

3. ターゲットインピーダンスの考え方と課題
3-1 電源インピーダンスと SSN

2節で実装起因のノイズについて述べたが、低電圧化で今後問題となると考えられる SSN 起因のジッタを抑えるための給電系設計についてその課題をまとめる。

SSN 起因のジッタは図 7-3 で示した電流経路 2 から明らかなように、I/O 電源を低雑音に設計できれば低く抑えることができる。すなわち PI 設計のアプローチが有効となる。一般的な PI 設計のスキームにおける実装設計の役割は、バイパスコンデンサの階層設計による低電源インピーダンス化である。図 7-4 に一般的なプリント基板における電源網（Power Distribution Network：PDN）とその等価回路、および LSI 内部の電源 - グランド端子間から観測したインピーダンスプロファイルを示す。

電源雑音の発生源は LSI 内部の回路であり、回路の電源電流と回路か

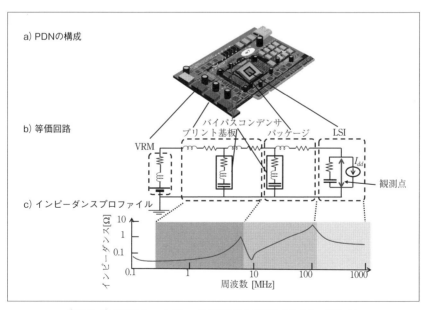

〔図 7-4〕電源ネットワークの構成と電源インピーダンス

- 165 -

■第7章　電源ノイズ対策手法

ら見たインピーダンスの積が回路上の電源ノイズを決める。したがって、この電源インピーダンスを低く設計することが回路の電源変動低減に繋がる。電源電流は、その回路動作に応じて DC から GHz 帯まで幅広く周波数成分を有することが多い。このため、電源インピーダンス設計における要求は、幅広い周波数範囲でインピーダンスを下げる設計が求められる。インピーダンスを下げるための部品がバイパスコンデンサである。バイパスコンデンサは寄生インダクタンス（Equivalent Series Inductance：ESL）、寄生抵抗（Equivalent Series Resistance：ESR）を容量に直列に接続した LCR 直列回路で表現され、低 ESL、低容量のものほど共振周波数が高いため高周波用途に用いられる。バイパスコンデンサがノイズ源回路から離れると、実装起因のインダクタンス（例：電源プレーンの広がりによるインダクタンス、VIA インダクタンスなど [29]）が寄生するため、高周波までその効果が及ばない。このため、プリント基板、パッケージ、LSI それぞれの階層でノイズ低減を担保する周波数範囲を定義して、その周波数範囲のインピーダンスを下げるようなバイパスコンデンサを選択する、いわゆるインピーダンスの周波数帯ごとの設計が鍵となる。

３−２　ターゲットインピーダンスの導出と課題

　ここまで、電源インピーダンスと SSN について述べた。それでは、SSN によるジッタを目標値（バジェット）内に抑えるには、どのように設計すればよいだろうか。その設計指針となるのが、周波数領域設計での目標となる電源インピーダンス（以下、ターゲットインピーダンス）である。

　ここからは、一般的なターゲットインピーダンスの導出方法について述べる [29]。ターゲットインピーダンスは、下記の式で求めることができる。

$$Z_{target} = \frac{\Delta V_{ddq,\,allow}}{I_{max}} \quad \cdots\cdots\cdots\cdots\cdots\cdots\cdots\cdots\cdots\cdots\cdots\cdots\cdots\cdots\cdots\cdots \text{(7-1)}$$

ここで、$\Delta V_{ddq,\,allow}$ は、電源ノイズの許容値であり、例えば、電源電圧

が1.5Vならば、許容値5%を目標とすると75mVとなる。I_{max}は出力回路の全ビットが同方向に駆動した際の電源からグランドへの最大貫通電流である。

　つまり、目標値以下とする電源ノイズ量（電源変動の許容値）を実現するために、設計するべき電源インピーダンス、つまり、ターゲットインピーダンスを設定することができる。図7-5にターゲットインピーダンスの導出手順のフローを示す[30),31),35),36)]。

　ターゲットインピーダンスは、3つのステップで求める。まず、ステップ1では、電源ノイズの許容値を決める。一般に、電源ノイズの許容値は5%で配分する。次に、ステップ2では、出力回路の貫通電流の最大値を求める。求め方は、解析精度に応じて、①ベンダーのデータシー

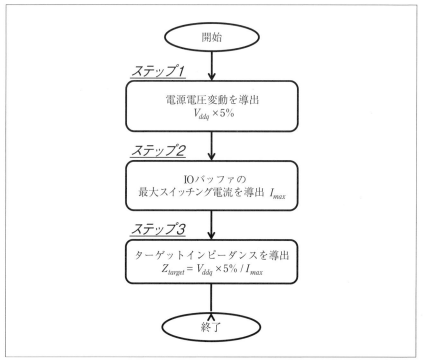

〔図7-5〕ターゲットインピーダンスの導出フロー

■第7章　電源ノイズ対策手法

トに記載してある消費電流を使用する、もしくは、②解析モデルを入手
できる場合は、シミュレータによる過渡解析で出力回路の貫通電流の最
大振幅を得る。最後に、ステップ1とステップ2で求めた値から式（7-1）
を使ってターゲットインピーダンスを求めることができる。

　しかしながら、このターゲットインピーダンスは周波数依存性がなく、
全周波数帯域において一定のターゲットインピーダンス以下に設計しな
ければならない。しかし、図7-4で示したように、電源インピーダンスは、
チップ・パッケージによる反共振等で周波数帯域によっては局所的に高
くなり、一定のターゲットインピーダンスではPI設計が困難であり、
現実的でない。このPI設計を実現するためには、チップ・パッケージ
の共振ピークを抑制するため、例えば、①チップ内やパッケージ内、ま
たはその近傍にバイパスコンデンサを多く搭載することになったり、②
その実装占有面積が大きくなったり、③高価格な低ESLのバイパスコ
ンデンサを選定したりと、実装コストが多くかかるという課題がある。

　そこで、周波数依存性を考慮したターゲットインピーダンスを設定す
ることで、電源ノイズを目標値以下に抑え、実装コストを抑えた設計手
法が提案されている[30〜34]。次節でその一手法について紹介する。

4．周波数分割ターゲットインピーダンス導出手法とその評価結果
4－1　周波数分割ターゲットインピーダンスの導出方法

前節で述べた課題を解決するために周波数領域ごとの特性を考慮したターゲットインピーダンスの導出方法を紹介する[32]。その導出手順を図7-6に示す。

この手順は、4つのステップからなる。ステップ1では、電源インピーダンスの周波数領域を分割する。ステップ2では、電源ノイズに対する出力回路のジッタ感度を求め、ステップ3では、出力回路の貫通電流の周波数特性を導出する。ステップ4は、周波数依存性を考慮したターゲットインピーダンスを導出する。次節から順に説明する。

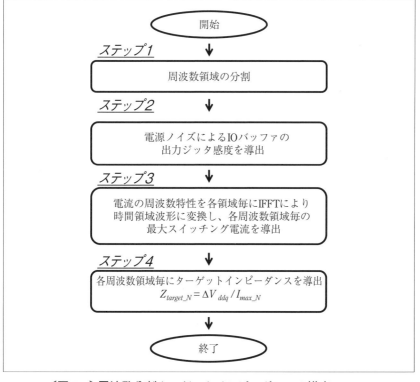

〔図7-6〕周波数分割ターゲットインピーダンスの導出フロー

■第7章 電源ノイズ対策手法

4－1－1 （ステップ1）周波数領域の分割と電源ノイズに対する出力回路のジッタ感度の導出

まず、電源インピーダンスの周波数領域を分割する。図7-4で示したように、電源インピーダンスは、チップ、パッケージ、基板の寄生成分による反共振でインピーダンスが局所的に高くなるところがある。この反共振インピーダンスを低減することが困難であるため、この周波数帯域を中心に周波数を3つの領域に分割し[35]、各周波数領域ごとにターゲットインピーダンスを設定する。

4－1－2 （ステップ2）電源ノイズに対する出力回路のジッタ感度の導出

次に、第2節で述べたように、タイミングバジェットで配分した出力回路のジッタ量が満たすように、実現するべき電源ノイズ量を求める。そのため、上記で分割した周波数領域ごとに電源ノイズに対する出力回路のジッタ量の関係を出力回路のSPICEモデルを使用し回路解析により求める。この電源ノイズとジッタの関係から、ジッタのバジェットを分割した周波数領域ごとに再度バジェットを分配することで、各周波数領域での許容電源ノイズ量が求まる。この手法では、このとき、インピーダンスの低減が困難な反共振インピーダンスを含む周波数帯域にジッタのバジェットを多く割り当てることができる。

4－1－3 （ステップ3）出力回路の貫通電流の周波数特性の導出

ここでは、出力回路の貫通電流を周波数分析し、最大成分を求める。全出力回路が遷移する時の貫通電流を過渡解析し、その電流の時間波形を高速フーリエ変換（Fast Fourier Transform：FFT）することで電流の周波数特性を得る。得られた電流の周波数特性をステップ1で決めた周波数領域ごとに分割し、各領域ごとに逆高速フーリエ変換（Inverse Fast Fourier Transform：IFFT）することで、電流の時間波形を求めて、その電流波形の振幅から全出力回路での各周波数領域ごとの貫通電流の最大値を求めることができる。

－ 170 －

4－1－4 （ステップ4）周波数依存性を考慮したターゲットインピーダンスの導出

最後に、ターゲットインピーダンスの導出を行う。ステップ2で得られた周波数領域ごとの許容電源ノイズ量とステップ3で得られた周波数領域ごとの貫通電流の最大値から各周波数領域でのターゲットインピーダンス Z_{target_N} を求めることができる。

$$Z_{target\_N} = \frac{\Delta V_{ddq,\,allow\_N}}{I_{max\_N}} \quad \cdots\cdots\cdots\cdots\cdots\cdots\cdots\cdots\cdots\cdots\cdots \quad (7\text{-}2)$$

ここで、Z_{target_N} は、各領域でのターゲットインピーダンス、$\Delta V_{ddq,\,allow\_N}$ は、ステップ2で求めた各領域での電源電圧ノイズの許容値、I_{max} は、ステップ3で求めた各領域の貫通電流の最大値である。

4－2 電源設計の実例

それでは、これまでに述べたターゲットインピーダンスの導出方法を用いて、設計したメモリバスの実例を紹介する。対象は、メモリコントローラ（Application Specific Integrated Circuit：ASIC）1個とDDR3Lメモリ（電源電圧 1.35V）9個を実装しているメモリバスである（図7-7）。信号の伝送速度は1333Mbpsで9バスあり、データ信号（×8）はpoint-to-pointで接続している（表7-2）。

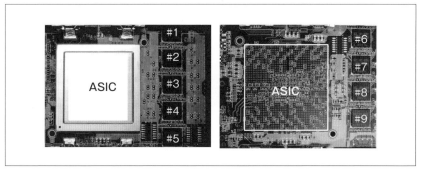

〔図7-7〕実機の写真（ASICとDRAM）

■第7章　電源ノイズ対策手法

4－2－1　ターゲットインピーダンスの導出

　まず、このメモリバスにおける初期構造のチップからみた電源インピーダンスプロファイルを求め、分割する周波数領域を決める。給電系のPDNモデルは、チップ、パッケージ、基板で構成されており、それぞれモデル化方法は、図7-8に示すように、チップは電源・グランドのメッシュより抽出した一次元等価回路（抵抗R、インダクタンスL、コンデンサCでモデル化）とオンチップコンデンサの容量Cと寄生抵抗ESRでモデル化した。また、パッケージと基板は、電磁界解析ツールによりフルウェーブSPICEモデルを作成した。

　これの手法により、得られた電源インピーダンスを示すと図7-9のようになる。

　次に、本メモリバスでの従来手法を使ったターゲットインピーダンス

〔表7-2〕実例のメモリバス構成

#	項目	パラメータ
1	インターフェース	DDR3L
2	データレート（UI：Unit Interval）	1333Mbps（1UI=750ps）
3	電源電圧	1.35V
4	バス幅	9バス（データ：8bit/バス）
5	データの配線トポロジ	point-to-point接続

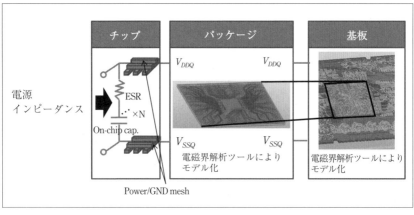

〔図7-8〕チップ－パッケージ－基板の統合給電系モデル

を求める。出力回路の最大貫通電流を求めると、本例では、ベンダーより入手した（Input/Output：I/O）回路モデルを使用して SPICE により解析して求めた。解析した回路構成を図 7-10 に示す。

I/O 回路の SPICE モデルは、オンチップ容量とオンチップ容量 - 出力回路間の寄生抵抗 ESR を考慮したモデルを含んでいる。電源は、チップ上の電源・グランドメッシュの ESR10mΩ を介して 1.35V を接続した。DDR3L の連続入出力ビット数（バースト長）は、最大 8 ビットなので、

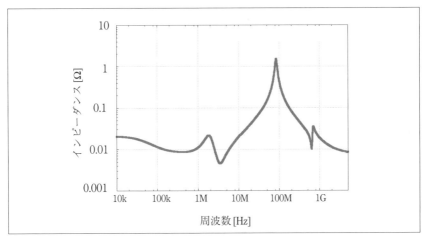

〔図 7-9〕初期構成の電源インピーダンスの解析結果

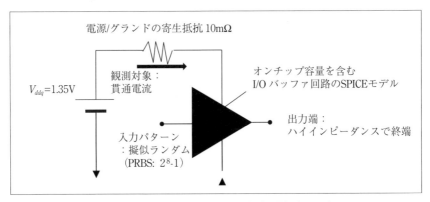

〔図 7-10〕出力回路の貫通電流観測用解析モデル

■第7章 電源ノイズ対策手法

入力した波形は擬似ランダムビットストリーム（Pseudo-Random Binary Sequence：PRBS）2^8-1である。I/O回路の出力端は、無終端である。I/O回路の貫通電流の過渡解析結果が図7-11である。

図7-11に示すように、図の左側の波形が出力信号の立ち上がり時の貫通電流であり、右側が立ち下がり時の貫通電流である。電流の最大値は、立上りの23mAであり、全I/O回路数は、72ビット（データ信号8ビット）×（9バス）である。また、電源ノイズの許容値は、1.35Vの5%とすると一般的な手法である全周波数領域で一定なターゲットインピーダンスを求めると、式(7-3)である。

$$\begin{aligned} Z_{target} &= \frac{\Delta V_{ddq,\,allow}}{I_{max}} \\ &= \frac{1.35\text{V} \times 5\%}{23\text{mA} \times 8\text{bit} \times 9\text{Bus}} \\ &\approx 41\text{m}\Omega \end{aligned} \quad \cdots\cdots\cdots\cdots (7\text{-}3)$$

ここで、$\Delta V_{ddq,\,allow}$は、電源ノイズの許容値（$=V_{ddq} \times 5\%$）、I_{max}は、全出力回路の貫通電流の時間波形における最大値である。

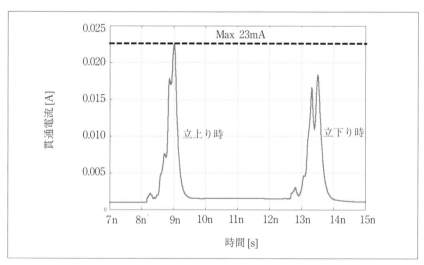

〔図7-11〕本実例の出力回路の貫通電流波形

この手法では、全周波数において、このターゲットインピーダンス 41mΩ よりも電源インピーダンスが小さくなるようにバイパスコンデンサ配置できるような電源設計をする必要がある。これでは、前述した通り、周波数依存性を考慮しておらず、バイパスコンデンサを大量に実装したり、電源プレーンの低インピーダンス化のため大幅なレイアウト変更が必要になったりと過剰設計になりやすく、実装コストが高くなる場合がある。

そこで、周波数領域ごとの特性を考慮したターゲットインピーダンスの導出方法について説明する。ポイントは2つある。①電源ノイズが信号へ与える影響、つまり、出力回路のジッタの許容値を満たす電源変動を規定することと、②出力回路の貫通電流の周波数依存性を考慮することである。

(1) ステップ1

まず、前節で求めた電源インピーダンスから周波数を分割する。本例では、領域1を周波数帯域1Hz〜10MHz、領域2を10MHz〜1GHz、領域3を1GHz以上とした。これは、チップ、パッケージ、基板に搭載するバイパスコンデンサの周波数帯域を考慮して決めた。

(2) ステップ2

次に、回路解析により、電源変動による出力回路単体のジッタを求める。図7-12に示す回路モデルを使用した解析した。

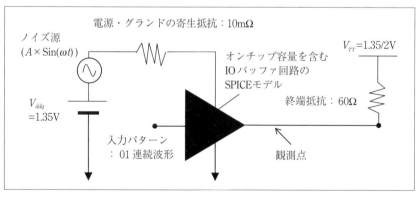

〔図7-12〕電源ノイズに対するジッタ感度解析用モデル

■第7章 電源ノイズ対策手法

　電源には、電源変動を模擬したSin波を注入し、Sin波の周波数（1Hz、10MHz、1GHz）と振幅（0～0.06V、0.01V刻み）をパラメータとして解析し、ジッタを求めた。ジッタは、$V_{ref}=V_{DDQ}/2$の交点の時間幅である。出力回路の入力端には、01連続波形を入力した。これは、入力パターンに依存したジッタを除去するためである。出力端は、終端抵抗60Ωを$V_{tt}=V_{DDQ}/2$に接続した。その解析結果例を図7-13に示し、ジッタと電源ノイズの関係が図7-14である。

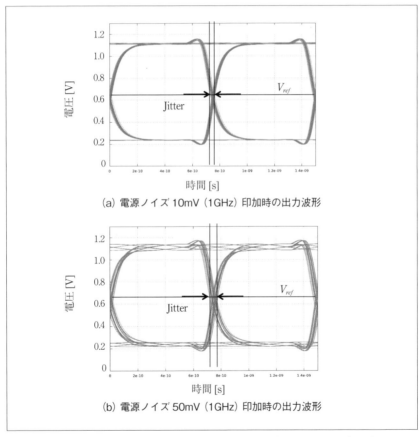

〔図7-13〕電源ノイズ印加時の出力回路の出力波形（アイパターン）の例
　　　　（電源ノイズの振幅：左側10mV、右側50mV、周波数1GHzの場合）

図7-14からわかるように、本例における出力回路は、高周波の感度は小さく、低周波のほうがジッタへの影響が大きいことがわかる。また、電源ノイズが出力波形に伝搬し出力波形の遷移タイミングが変わるため、電源ノイズの振幅に対しては、ジッタが比例傾向にあることがわかる。
　この図よりタイミングバジェット表から目標とするジッタに対して、各周波数帯域における許容できる電源ノイズ量が求まる。ここで、タイミングバジェットより電源ノイズによる出力ジッタの目標値が37.5psなので、ジッタのバジェットを単純加算できると考え、各領域ごとに分配する。単純加算できる理由は、電源ノイズを周波数領域で分割したため、分割後の各周波数帯域ごとのジッタは、同時に生じる場合が考えられるためである。本例では、領域1に3.5ps、領域2に32ps、領域3に2psとする。これにより、許容電源電圧変動は、領域1（1MHz〜10MHz）は0.002V以下、領域2（10MHz〜1GHz）は0.06V以下、領域3（1GHz〜）は5.5mV以下であることと設定できた。
(3) ステップ3
　ステップ3では、出力回路の貫通電流の各領域での最大電流値を求める。出力回路の解析モデルを使用して、データ信号8ビット動作時の貫

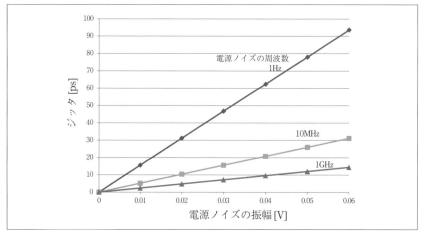

〔図7-14〕電源ノイズに対する出力回路のジッタ感度

■第7章 電源ノイズ対策手法

通電流の過渡波形を求めて、その得られた過渡波形をFFT解析して周波数成分を求める。FFT解析をした結果を図7-15に示す。

さらに、この電流の周波数特性を前述した周波数領域ごとに分割して、各周波数領域ごとにIFFT解析を行い、時間領域の電流波形に変換し、各領域での最大貫通電流値を求める。この電流を時間領域の波形にもどす理由は、電流の位相成分を考慮し各周波数領域ごとの最大電流値を求めるためである。

それにより、領域1では最大2.5mAであり、領域2では30mAであり、領域3では、28mAである(図7-16)。

(4) ステップ4

ステップ4では、前述したステップ2、3で求めた値を式(7-2)に代入して、各周波数帯域ごとのターゲットインピーダンスを求める。

(領域1) $Z = 2mV/(2.5mA \times 9 バス) = 0.089\Omega$
(領域2) $Z = 60mV/(30mA \times 9 バス) = 0.222\Omega$
(領域3) $Z = 5.5mV/(28mA \times 9 バス) = 0.02\Omega$

以上で求めたターゲットインピーダンスと電源インピーダンスを示すと、図7-17で示す周波数特性が得られる。

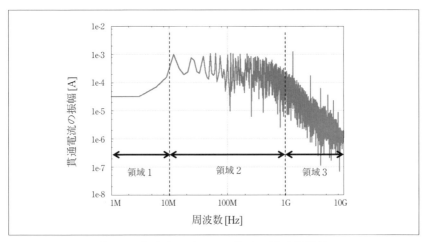

〔図7-15〕出力回路の貫通電流の周波数特性

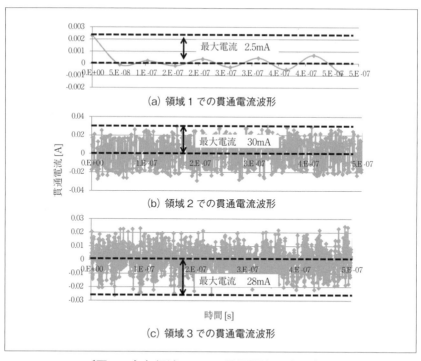

〔図 7-16〕各領域における貫通電流の時間波形

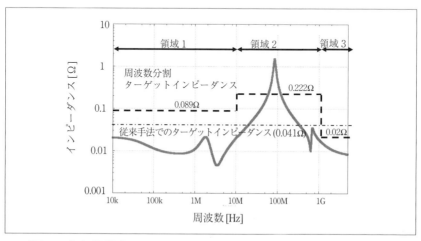

〔図 7-17〕初期構成の電源インピーダンスとターゲットインピーダンス

■第7章 電源ノイズ対策手法

4-2-2 電源設計

これまでは、周波数領域ごとのターゲットインピーダンスの導出について説明した。ここでは、前節で求めたターゲットインピーダンスを満たすために試みた電源インピーダンス低減手法を示す。

電源設計では、一般に大きく2つの設計手段がある。①電源配線の低インピーダンス化と、②バイパスコンデンサ追加／削除による低インピーダンス化である。本例では、2つ目のバイパスコンデンサ追加／削除による低インピーダンス化を行った。実装したバイパスコンデンサは、容量値と実装位置による寄生成分を加味した周波数特性を考慮し、パッケージ内と基板上のメモリコントローラ直下に配置した。4-2-1節で説明した電源系の等価回路にパッド、Via、配線などの寄生成分を加味したバイパスコンデンサを追加し、解析した結果を図7-18で示す。

以上により、各周波数範囲において、ターゲットインピーダンス以下を実現することで、電源ノイズによるジッタを目標のバジェット以下（＜37.5ps）に抑える電源設計ができた。

4-2-3 実測

ここでは、前節で説明した電源設計により作成した実機を使って、前

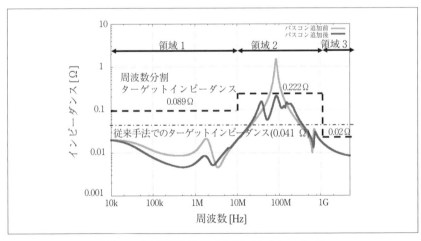

〔図7-18〕電源設計後の電源インピーダンス

- 180 -

述した設計手法を検証する。周波数依存性を考慮したターゲットインピーダンスを満たす電源設計をしたメモリバスにおける測定結果を示す。図 7-19 に実測時の様子を示す。実際の製品の基板サイズは、323mm×130mm である。この図 7-19 は、ボードの一部（裏面）の写真である。実測には、Agilent Technologies 社のオシロスコープ Infiniium MSO9404A（帯域：4GHz）を使用した。

測定した結果を図 7-20、図 7-21 に示す。この図は、ある特定データ

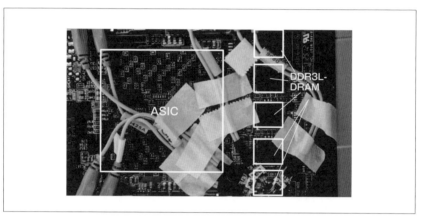

〔図 7-19〕実測時の写真

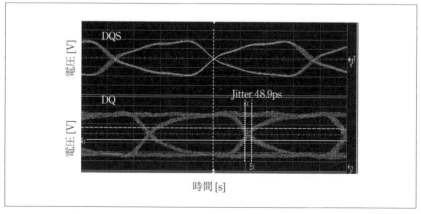

〔図 7-20〕データ 1 ビット動作時の DRAM 受端の波形

■第7章 電源ノイズ対策手法

信号とストローブ信号の Write 波形である。上段がストローブ信号 DQS のアイパターン波形であり、下段がデータ信号 DQ のアイパターン波形である。また、図 7-20 は、DQ の 1 ビットのみ動作している場合で、図 7-21 は、DQ が全ビット動作している場合である。図 7-20 より、DQ の 1 ビット動作で回路内ジッタや符号間干渉、反射によるジッタが 48.9ps であることがわかる。図 7-20 と図 7-21 の比較より、複数ビット動作時の電源変動による出力回路のジッタの増加分は、20ps（＝68.9ps－48.9ps）であり、3 節の設計時に目標とした 37.5ps 以下を実現できていることが実測により確認できた。

また、図 7-21 の DQ のアイパターンからわかるように、JEDEC で規定されているマスク（白い台形、setup time（45ps）、hold time（75ps））[37] よりもアイが開口していることがわかり、タイミングマージンを確保できた。

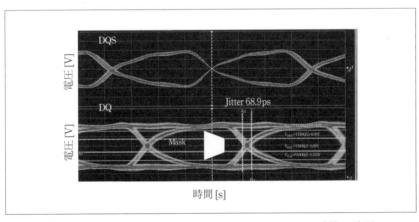

〔図7-21〕データ 8 ビット×9 バス動作時の DRAM 受端の波形

5. まとめ

本章では、高速化と低電圧化が進むメモリインタフェースの設計における新しい課題として、複数データ信号の同時切り替えノイズ起因のジッタに着目しその信号品質と給電品質を満足する設計手法について述べた。本章では、これまでよく知られている信号系の回路内ジッタ、スキュー、反射や符号間干渉によるジッタに加え、周波数領域ごとに電源インピーダンスを強化することで同時駆動ノイズ起因のジッタを減らす手法を紹介している。紹介した手法は、周波数軸上で一様なターゲットインピーダンスを要求する従来の手法に対し、回路の感度やインピーダンス設計の困難さを考慮して周波数領域ごとにターゲットを決めることで、実装の負担を軽減しながら所望の特性を実現することができる。今後益々高性能化が進むメモリインタフェース設計に、本アプローチが役立てば幸甚である。

第8章

半導体、電源ノイズ事情
VLSI電源ノイズの観測・解析と究明

1. はじめに

VLSIチップのダイナミックな電源ノイズは、電磁ノイズ放射による電磁環境両立性（EMC）の問題の直接的な原因となる。他方、VLSIチップを搭載したプリント基板に外部から電磁ノイズが到来し、これがVLSIチップの電源配線に流れ込み、不具合を引き起こすノイズ干渉も問題である。VLSIチップが発生する（あるいは作用する）電源ノイズの予測と低減・回避は、VLSIチップを応用する電子システムの設計において本質的な技術課題となっている [38),39)]。本章では、オンチップのノイズ観測技術およびチップレベルのノイズ解析技術について説明し、VLSIの電源ノイズに関する知見を紹介する。

■第8章　半導体、電源ノイズ事情

２．電源ノイズのオンチップモニタ技術

　チップ内部の電源ノイズや基板ノイズをチップ内部で観測するオンチップノイズモニタ技術が確立されている。本技術により、チップの実動作環境における VLSI 回路の内部ノイズを観測できる。すなわち、チップ内各所の電源ノイズやグランドノイズの発生、伝播、回路への影響の様子を観測することで、VLSI のノイズ問題について見通しの良い理解が得られる。ここで、実動作環境とは、チップがパッケージングされ、かつプリント基板上にマウントされた状態である。ところで、このようなノイズ観測はチップ本来の機能ではなく、モニタ機構が消費するシリコン面積やピン数はできるだけ小さい事が望ましい。

　オンチップ・ノイズ観測回路の構成を図8-1（a）に示す。前段のソースフォロワにより、LSI チップの基板電位や回路内部の電源配線、グランド配線の電位変動を検出する。後段のコンパレータにより、ソースフォロワの出力電圧を外部から与える基準ステップ電圧と逐次比較することで、離散化する。また、オフチップのデータ処理系において、コンパレータの出力データ列からソースフォロワの出力電圧値を読み取ることで、ノイズの時間波形を抽出する。本モニタ回路は測定対象となるデジタル回路に同期動作しながら、デジタル回路の動作ノイズ波形を等価サンプリング原理により捕捉する。このようなノイズ観測回路を LSIチップに複数個搭載することで（図8-1（b））、チップ内各部のノイズ発生量を定量的に評価できる。これまでに、0.8µm CMOS 世代から最先端の 40nm CMOS 世代まで、LSI チップ内部の電源ノイズ、グランドノイズ、デジタル信号、アナログ信号、等の波形観測に適用した実績がある。

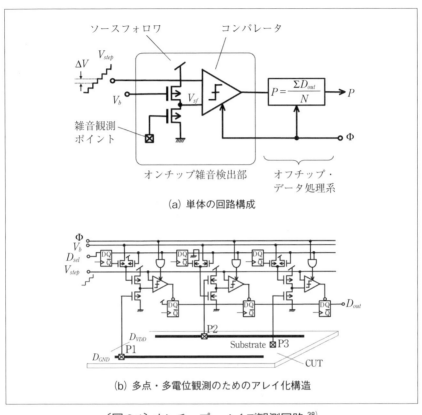

〔図 8-1〕オンチップ・ノイズ観測回路[38]

■第8章　半導体、電源ノイズ事情

3．電源ノイズの統合解析技術

　近年、大規模なシステム・オン・チップ（SoC）をターゲットとしたダイナミック電源ノイズのシミュレータが商用ベースで開発され、半導体メーカにおける評価・導入が進んでいる。ここで、VLSI 設計の上流における最適化や合成ツールは、その設計結果の善し悪しや設計効率の改善を VLSI チップの機能・性能などの仕様値を指標に判断できる。これに対し、VLSI 設計の下流で用いられる物理解析系ツールでは、寄生素子の抽出やシミュレーション結果など、確からしさの定量的な判断が難しいことが問題となる。VLSI の電源ノイズ解析についても、ノイズの発生や伝搬のシミュレーション結果の確からしさを見定めることが、VLSI 設計における設計マージンの確保や VLSI 搭載システムにおけるノイズイミュニティの評価に重要である。

　ところで、VLSI 搭載システムの設計において、VLSI チップの電源インピーダンスや電源ノイズをコンパクトに表現するマクロモデルが必要となっている。電源ノイズモデルには Integrated Circuit Electromagnetic Model（ICEM）、Chip Power Model（CPM）、Time Series Divided Parasitic Capacitance（TSDPC）Model [40] などが提案されており、モデルの生成には前述の寄生素子抽出ツールや電源ノイズシミュレータが用いられる。電源ノイズモデルは、一般にチップ内部の電源供給系（Power Delivery Network, PDN）のインピーダンスネットワークおよび電源消費電流モデルから構成され、チップのパッケージやプリント基板などの実装系における PDN インピーダンスモデルと接続することにより、オンチップの電源ノイズやオンボードの電磁放射ノイズのシミュレーションを実現する。すなわち、図 8-2 に示されるように、(1) デジタル LSI のフルチップ電源ノイズシミュレーション技術を核に、(2) シリコンチップの基板結合モデリング技術、さらに (3) チップをマウントし外部電源との接続を具現化するパッケージやボードの寄生インピーダンスのモデリング技術、を統合して実現される。

　電源ノイズシミュレーションについて、これまでに多くの報告がなされており、SoC 設計におけるノイズ対策の事前検証などに利用が進んで

いる。しかしながら、電源ノイズモデルの生成や電源ノイズシミュレーションの実行について、確からしい結果や精度を得るための標準化されたフローの確立、モデルの提供やシミュレーションの実施に関する半導体メーカと応用機器メーカの責任分担の明確化、などの課題がある。

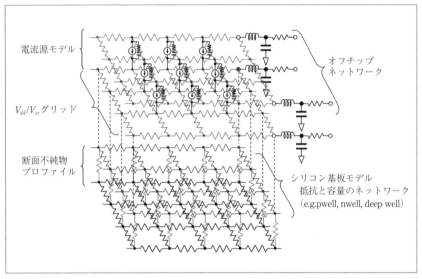

〔図 8-2〕電源・基板雑音の統合解析 [40]

4．VLSIチップの電源ノイズ

電源ノイズのシミュレーション技術の確からしさを検証し、その確度を高めるためには、ノイズの発生、伝播、回路への漏れこみなど、オンチップモニタを用いてVLSIチップ内部の発生地点で詳細に実測評価することが有効である。本章では、VLSIチップのさまざまな構成要素について、電源ノイズのオンチップ観測および統合シミュレーションを試行した事例について紹介する。

4-1 マイクロプロセッサのノイズ

マイクロプロセッサ (SH-4)、大容量ユーザメモリ (SRAM)、およびオンチップ・ノイズモニタアレイを搭載したテストチップを90nm CMOS技術で設計・試作した（図8-3）[41]。プロセッサが演算実行時に発生するダイナミック電源ノイズおよびシリコンチップ上の基板ノイズを実測評価する。本チップのチップエリアは5mm×5mm、I/Oパッドは4辺に配置し、合計208ピンである。プロセッサ内部には12箇所の電源・

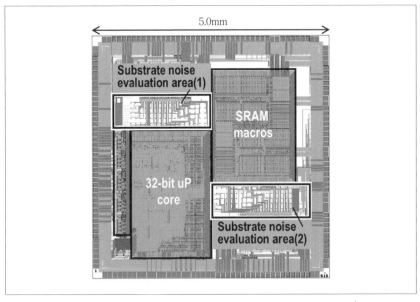

〔図8-3〕マイクロプロセッサの電源ノイズ評価チップ[41]

グランド配線電位のモニタチャネルを配置し、データパス、命令キャッシュ、データキャッシュ、クロックツリーのルートバッファ、などのリソース近傍の電源ノイズ観測を可能にしている。さらに、プロセッサの上方や側方に、120箇所の基板電位モニタチャネルを配置し、基板ノイズの分布評価を可能にしている。

プロセッサの電源ノイズをその内部動作と関連付けて評価するため、テストプログラムの開発においては、プロセッサ内部リソースの占有率を考慮し、また命令列がパイプラインをうまく充填するように低レベルでコーディングした。つまり、プロセッサの命令列が無演算：No operation（NOP）のみを含む場合や、メモリアクセスを主体とする場合、あるいは演算器とメモリアクセスを頻繁に繰り返す場合、などの多様なシナリオにおける電源ノイズを評価できるようにテストプログラムを用意した。

プロセッサがクロック周波数50MHzで動作しているときのプロセッサ内部の電源ノイズについて、電源配線とグランド配線およびプロセッサ近傍のシリコン基板においてオンチップで観測した波形を図8-4に示す。これらの配線や基板の電位は、理想的には静的な固定電圧であることが期待される。しかしながら、現実には回路動作により動的な電圧変

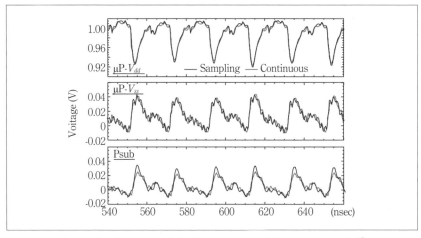

〔図8-4〕プロセッサ動作時のオンチップ電源ノイズ波形[41]

■第8章 半導体、電源ノイズ事情

動すなわちノイズが発生している。図8-4に示されているノイズを、それぞれ電源配線ノイズ、グランド配線ノイズ、および基板ノイズと定義する。電源配線ノイズとグランド配線ノイズはそれぞれドロップの向きが逆で振幅も異なる。他方、グランド配線ノイズと基板ノイズは概ねドロップの向きや振幅が同程度であることがわかる。なお、本稿では、これらの各部のノイズを電源ノイズとして総称することにする。

一般に、電源ノイズの振幅はプロセッサの動作プログラムに依存する。図8-5に、オンチップモニタにより観測された電源配線あるいはグランド配線ノイズの中心電圧および振幅を、プロセッサに導入したプログラムのコード番号に対してまとめた。ここでプログラムのコード番号を、それぞれのプログラムによる最大リソース占有率の見積もり値でソートしており、プログラムのコード番号が大きいほどプロセッサ内部の論理活性化率が大きいことが予想されている。

ノイズの中心電圧は、プロセッサの理想電源電圧からの差分を示しており、プロセッサ内部の静的IRドロップを反映し、すなわち平均消費電流に比例している。ノイズのピーク振幅について、コードに対する依

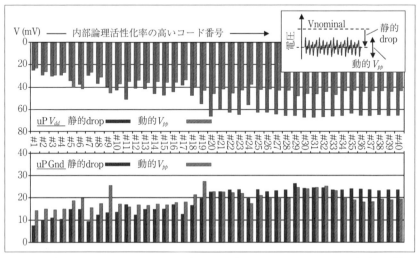

〔図8-5〕ノイズの中心電圧および振幅とプロセッサ動作コードの依存性[41)]

存性は顕著でないが、その大きさは静的IRドロップと同程度である。従って、プロセッサ内部の電源ノイズについて、静的および動的な成分を同時に考慮する必要があることがわかる。

本テストチップにおけるプロセッサ動作時の電源ノイズについて、オンチップモニタによる観測波形と、チップ-パッケージ-ボードを統合した電源ノイズシミュレーションによる波形を、図8-6に比較している。電源ノイズのドロップ形状や振幅が良好に一致していることがわかる。

基板ノイズのチップ面内分布について、そのピーク電圧の等電位マップを電源ノイズの統合解析によりシミュレーションした結果を図8-7に示す。プロセッサ上部の領域ではプロセッサ近傍から遠方に向けて基板ノイズが鋭く減衰し、一方でプロセッサ右側方の領域では基板ノイズは全域で小さい。これは、前者の領域ではプロセッサのグランドノイズが基板に漏れ出して伝搬する様子が見られ、一方で後者の領域では大容量のユーザメモリとの強い結合により基板電位が安定化されていることを示唆している。また、図8-7には、プロセッサ上部及び右側の領域における、基盤ノイズピーク電圧のオンチップモニタによる測定値の分布も示している。チップ面内の基板ノイズに関する等電位マップの傾向は実測と解析で良く一致しており、基板結合ネットワークの確からしさを表

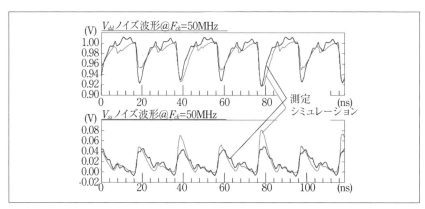

〔図8-6〕マイクロプロセッサチップにおける電源ノイズ波形の
実測とシミュレーションの比較形 [41]

■第8章 半導体、電源ノイズ事情

している。さらに、プロセッサ内部から基板評価エリアをつなぐ水平軸および垂直軸を図8-8のように定義し、各軸上でオンチップモニタのプローブ位置とノイズ振幅をグラフにまとめた。実測と解析によるノイズ振幅はおよそ10mV以内で一致しており、定量性の高い電源ノイズ解析を実現できていることがわかる。

4-2 SRAMのノイズ

VLSIチップにおいて、メモリの面積占有率は集積規模とともに増加することが知られている。とりわけ、SRAMはその高速性や自動配置配線ベースの標準的なVLSI設計フローとの親和性から多用される。そこで、SRAMの電源ノイズ評価を目的として、SRAMコアとオンチップ・ノイズモニタアレイを搭載したテストチップを90nm CMOS技術で設計・試作した (図8-9)[42]。

SRAMコアの動作時に観測された電源ノイズ波形を図8-10に示す。SRAMセルアレイの電源配線 (V_{ddm})、センスアンプやアドレスデコーダなどSRAMセルアレイを除く周辺回路の電源配線 (V_{ddp})、およびSRAMコア全体に共通のグランド配線 (V_{ss}) におけるノイズをオンチップで観測した。

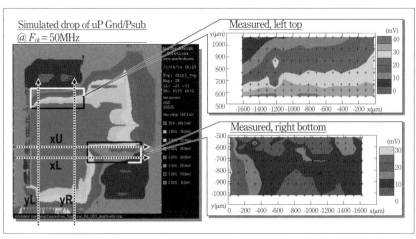

〔図8-7〕マイクロプロセッサチップにおける基板ノイズ振幅のチップ面内分布[41]

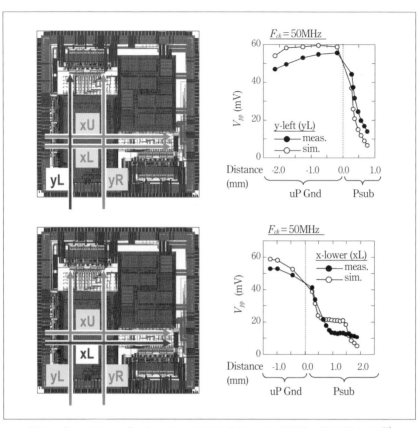

〔図 8-8〕マイクロプロセッサにおける基板ノイズ振幅の位置依存性 [41]

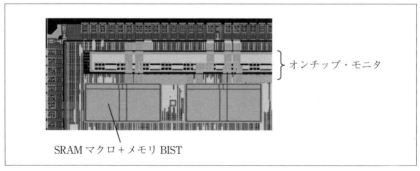

〔図 8-9〕SRAM コアの電源ノイズ評価チップ [42]

■第8章 半導体、電源ノイズ事情

周辺回路の電源配線ノイズ（V_{ddp}）およびグランド配線ノイズ（V_{ss}）について、それぞれドロップの向きと振幅が異なる様子は、プロセッサの電源ノイズ波形（図 8-4）と同様である。他方、SRAM セルアレイの電源配線ノイズ（V_{ddm}）はグランド配線ノイズと相似した形状であり、これは高密度なメモリセルアレイにおいて電源-グランド間に大きい寄生容量結合が存在することを反映しており、興味深い。

4－3 SRAM のイミュニティ

VLSI チップにおける電磁環境両立性（EMC）の評価手段のひとつとして、VLSI チップの電源ラインにチップ外部から高周波電力（RF 電力）を直接注入し、チップの誤動作率やその発生条件を実験的に評価するイミュニティ試験が知られている。前述の SRAM ノイズ評価チップを用い、図 8-11 に示す SRAM のイミュニティ実験システムを構築した。パワーメータにより RF 電力を測定し、他方、オンチップ電源ノイズモニタを用いてチップ内部の SRAM 電源の電圧変動量を測定する。ここで、RF 電力は SRAM セルアレイの電源配線（V_{ddm}）に導入した。さらに、SRAM の不良ビットの発生をオンチップのメモリ BIST（Built-in Self Test）機構により評価した。このように、オンチップ・ノイズモニタとメモリ

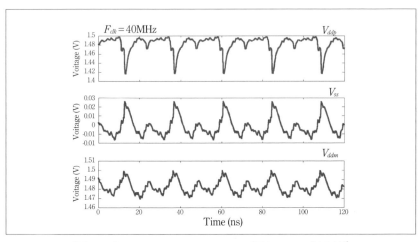

〔図 8-10〕SRAM コアのオンチップ電源ノイズ波形[42]

BIST により、SRAM コアにおける RF 電力の直接注入によるビット不良発生の様子を定量的に評価できる。

評価ボード上の V_{ddm} 端子への RF 注入における信号周波数 (F_{dpi}) に対して、チップ内部の V_{ddm}, V_{ddp}, V_{ss} の各配線上で電圧変動を観測し、その振幅値（Peak-to-peak 電圧値）を抽出した。V_{ddp} および V_{ss} の振幅を V_{ddm} の振幅に対する相対値（dB 表現）として図 8-12 にプロットした。RF 周

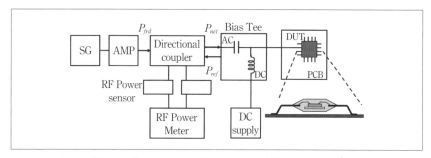

〔図 8-11〕SRAM のイミュニティ実験システム [42]

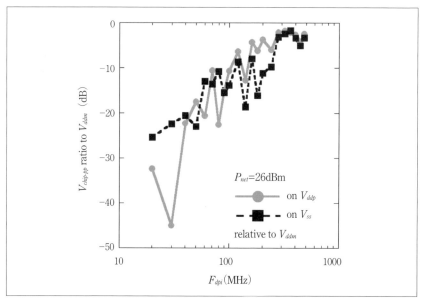

〔図 8-12〕RF 電力注入による SRAM コア内部の電圧変動量の相対振幅 [42]

波数に対して概ね線形に推移しており、すなわち V_{ddm} から V_{ss}、および V_{ddm} から V_{ddp} に至る容量結合特性を示している。

RF 注入による SRAM のエラー発生について、メモリ BIST により評価したエラー発生率がある値に到達するときの RF 注入電力 (P_{net}) を、RF 周波数 (F_{dpi}) に対して評価した。図 8-13 に P_{net} と F_{dpi} の関係を示す。SRAM コアのビット不良は、F_{dpi} の増加につれて発生しない方向に推移することが見出された。このメカニズムについての考察はまだ十分になされていないが、一つの要因として、図 8-12 のように容量性結合により RF 注入に対する V_{ddm}, V_{ddp}, V_{ss} の結合が同程度になることで回路内部の電源-グランド間の交流電圧差分が減少し、この結果回路動作の RF ノイズ感度が下がることが考えられる。

4−4 シフトレジスタのノイズ

デジタル VLSI における電源ノイズの理解に向けて、図 8-14 に示すシフトレジスタ・アレイを用いたノイズ発生の評価を継続している[43]。シフトレジスタは D-FF を従属接続した論理回路であるが、ここでは最終段 D-FF の出力を初段 D-FF の入力に接続するループバック経路を有している。最初にループを開放した状態でビット列を書き込み、その後

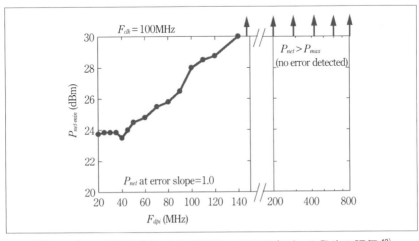

〔図 8-13〕RF 電力注入による SRAM コアの不良ビット発生の評価[42]

ループを閉じてビット列を周回させる。クロック信号に同期してビット列が移動するため、クロック信号に同期した電源ノイズを発生する。シフトレジスタは、論理深さが最も浅い順序論理回路として一般的なデジタル回路の動作を代表できる。さらに、シリコンチップ製造メーカ（ファブ）の提供するスタンダードセルライブラリを用いて自動的に構成できるため、新しいCMOS技術世代や異なるファブにおける電源ノイズの評価や解析を共通化できる。

シフトレジスタ・アレイとオンチップ電源ノイズモニタを搭載したテストチップおよび電源ノイズ評価ボードの実装の様子を図8-15に示す。ここでは、テストチップはプリント基板に直接マウントし、テストチップのボンディングパッドとプリント基板に形成されたボンディングランドをボンディングワイヤで接続するチップ・オン・ボード（CoB）実装を採用した。

シフトレジスタの動作時における電源ノイズのオンチップ観測波形を

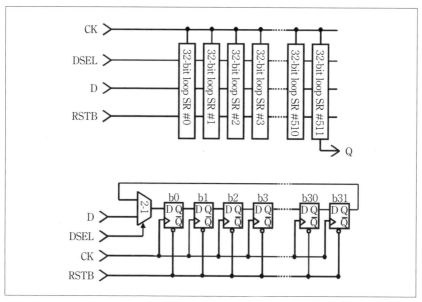

〔図8-14〕シフトレジスタの (a) アレイ構成と (b) 単体回路 [43]

■第8章 半導体、電源ノイズ事情

図8-16に示す。クロックに同期した論理動作による電源ノイズを発生していることがわかる。

　テストチップに搭載したシフトレジスタ・アレイのノイズモデル、テストチップのアセンブリにおけるボンディングワイアのモデル、および評価ボードに形成された電源ラインのインピーダンスモデル（Sパラメタ表現）を統合した、チップ・パッケージ・ボードの統合ネットワークモデルを図8-17に示す[44]。本モデルを回路シミュレーションすることで、

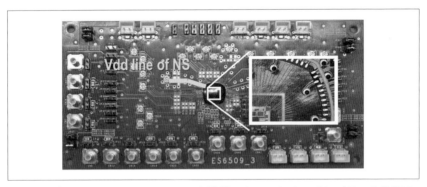

〔図8-15〕シフトレジスタ・アレイを搭載したテストチップとプリント基板の実装の様子[44]

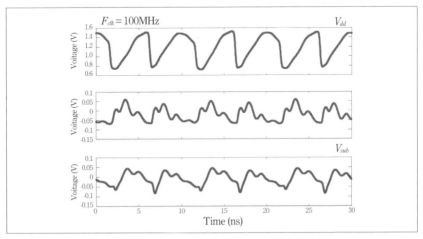

〔図8-16〕シフトレジスタ・アレイのオンチップ電源ノイズ波形[44]

- 202 -

シフトレジスタの動作時における電源ノイズをシミュレーションできる。

デジタルLSIにおけるオンチップ電源ノイズの振幅は、回路の動作周波数に対して図8-18のようにピーク構造を示す。これは、チップとパッケージおよびボードを含む電源ラインにおける寄生インピーダンス回路の共振現象に起因することが知られている。同図に示すように、チップ・パッケージ・ボードの各部の等価インピーダンス回路およびチップのノイズモデルを統合した回路シミュレーションにより、このようなピーク構造を忠実に再現できることがわかる。

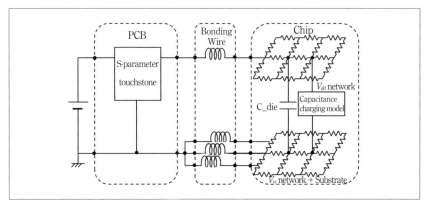

〔図8-17〕チップ・パッケージ・ボードを結合した電源ノイズ・シミュレーションモデル子[44]

■第8章 半導体、電源ノイズ事情

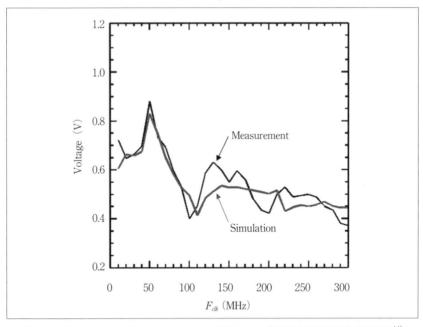

〔図8-18〕シフトレジスタ・アレイの電源ノイズ振幅と回路動作周波数 [44]

5．まとめ

VLSI チップの電源ノイズについて、オンチップモニタを用いた観測手段と、チップ－パッケージ - ボードの統合シミュレーションについて議論した。VLSI チップの電源ノイズの発生と伝搬について、VLSI チップ内部の電源ネットワークやシリコン基板結合のみならず、VLSI を搭載したプリント基板のインピーダンスも影響することを示した。近年、VLSI を搭載した応用システムにおける電源ノイズとその問題が具体的に論じられている。VLSI チップの電源ノイズモデルや実装ボードのインピーダンスモデルが十分な確からしさで構築できれば、EMC に関する多くの問題について設計段階のシミュレーションが可能になることがわかる。今後、これらのモデルの生成法や供給に関する研究開発が進むことが期待される。

謝辞

本研究の一部は、CREST, JST の研究課題「超高信頼性 VLSI システムのためのディペンダブルメモリ技術」により実施した。

第9章

情報機器向けUPSの活用による
電源ノイズ対策事例

1．はじめに

　近年、生産現場においても、PC、サーバなどのコンピュータなどの情報機器が導入されつつある。しかし一般のオフィス環境に比べ、生産現場では常にさまざまな電源障害が発生している（図9-1）。電源障害が発生すると、生産システムが正常動作できなくなり、結果的にシステムの稼働率低下、製品の歩留まり低下、最悪は機器の故障による生産停止などの問題が発生する。

　ここでは、コンピュータなどの情報機器に最適なUPSを紹介したい。

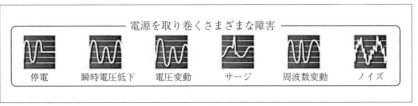

〔図9-1〕さまざまな電源障害

■第9章　情報機器向けUPSの活用による電源ノイズ対策事例

2．UPSの種類

UPSを給電方式で分類すると、大きく「常時商用給電方式」「ラインインタラクティブ方式」「常時インバータ給電方式」の3種類に分けられる。

2-1　常時商用給電方式のUPSとは

通常運転時は商用電源から電力をそのままスルーで出力し、同時にバッテリへ充電してバックアップ運転に備える。電源異常が発生してからバッテリ給電によるインバータ運転に切り替えるまで瞬断が起こる。バッテリ運転時の出力電圧波形は矩形波タイプと正弦波タイプの2種類がある。常時商用給電方式のUPSは回路がシンプルに構成できるため低価格・低コストである（図9-2）。

2-2　ラインインタラクティブ方式のUPSとは

基本構成は常時商用給電方式と同じだが、AVR（電圧安定化）機能が付加されている。電圧を変換するトランスを経由することで、通常時で

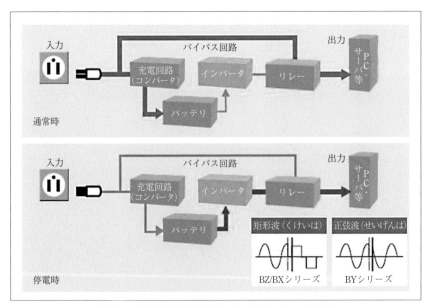

〔図9-2〕常時商用給電方式　回路ブロック図

- 210 -

も電圧を AC100V 出力に近づけるように調整し、安定的に電圧を供給することが可能である。バッテリ運転時の出力電圧波形は正弦波である（図 9-3）。

２－３　常時インバータ給電方式の UPS とは

通常運転時は商用電源からの電力をインバータ経由で出力し、同時にバッテリへも充電をする。インバータは電源に含まれるノイズを取り除き、常に電圧値を調整するので安定した給電が可能となる。バックアップ運転に切り替わる際の瞬断もない。バックアップ運転時の出力電圧波形は正弦波である（図 9-4）。

２－４　UPS 給電方式の違いまとめ

UPS の給電方式の違いをまとめる。保護したい電源障害の内容に合わせて UPS の給電方式を選択する必要がある（表 9-1、表 9-2）。

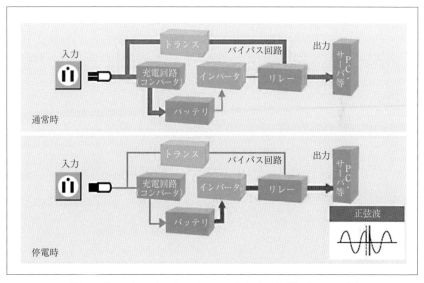

〔図 9-3〕ラインインタラクティブ方式　回路ブロック図

■第9章 情報機器向けUPSの活用による電源ノイズ対策事例

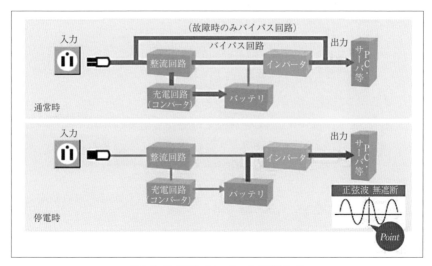

〔図 9-4〕常時インバータ給電方式

〔表 9-1〕UPS 給電方式別電源障害への効果

給電方式	オムロン UPS シリーズ名	停電	電圧変動	周波数変動	瞬時電圧低下	雷サージ	ノイズ	波形歪み
常時商用給電方式	BZ BX BY	○	— 入力をスルーで出力	○	出力側は 10msec 以内	○	—	—
ラインインタラクティブ方式	BN	○	○ AVRにより出力電圧調整	○	出力側は 10msec 以内	○	—	—
常時インバータ給電方式	BU BH	◎	◎ インバータにより出力電圧調整	○ (BU) ◎ (BH)	◎ 出力側は無瞬断	◎	◎ ノイズを除去して出力	◎ 歪みを矯正して出力

- 212 -

〔表 9-2〕UPS 給電方式の違い

	常時商用給電方式	ラインインタラクティブ方式	常時インバータ給電方式
概要	商用運転時（停電でない時）は、商用電源から電力がそのまま供給される	基本は常時商用と同じだが、AVR（電圧安定化）機能が付加されている	インバータ回路を経由して電力を供給するため、非常に安定した電力を供給できる
使用環境装置	・電源環境が安定しているオフィスや家庭 ・パソコン、ネットワーク機器	・オフィスなど ・PC サーバ	・工場、病院など電源環境が悪い所 ・PC サーバ、FA パソコン、FA 機器
価格	低 （比較的低価格）	中	高
出力電圧範囲	±20%	±10%	±2〜3%
停電時出力	矩形波 （正弦波の製品もあります）	正弦波	正弦波
切替時間	あり （10msec）	あり （10msec）	なし （無瞬断）
メリット	・比較的、低価格 ・UPS 内部の消費電力が少ない ・小型・軽量	・100V に近づけた安定的な電圧を供給可能	・バックアップ時、バッテリ運転に切り替わる時間がない ・電圧を 100V、周波数を50Hz/60Hz に調整して出力可能
デメリット	・10msec 以下の瞬停への対応不可	・10msec 以下の瞬停への対応不可	・比較的、高価格

■第9章　情報機器向けUPSの活用による電源ノイズ対策事例

3．PCに搭載されているスイッチング電源の動向

　最近、PCメーカー各社は高調波電流を低減するため、力率改善回路（PFC）を搭載したスイッチング電源（PFC電源）を採用されている。また汎用で出荷されているスイッチング電源も、PFCを搭載したものが増加している。米国のEcos Consultingが管理している認証制度で、電源変換効率が80％以上かつ力率0.9以上の電源に対して認証ロゴが与えられ、多くのPCで採用されているが、この電源はPFCを搭載している。

※高調波電流については、EUでは義務化されている。日本ではJIS規格（JIS C 61000-3-2）の適用が推奨されており、PC等の電子機器は入力電力75W以上の製品が対象になる。

4．PFC 電源とは

　PFC とは、「Power Factor Correction」の略で、日本語では「力率改善回路」になる。

　PFC 電源とは、「高調波電流」とよばれる電源ノイズを抑えるための力率改善回路を搭載した電源のこと。PFC 電源を搭載していない機器は、高調波電流が発生し、電圧波形歪みを引き起こす。この高調波電流、電圧波形歪みにより電子機器の誤動作、故障の原因となる場合がある。そのため PFC 電源の PC への搭載率が年々高くなってきている（図 9-5）。

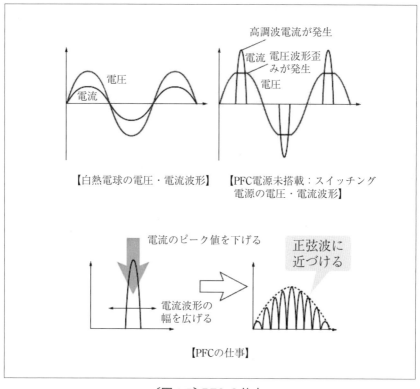

〔図 9-5〕PFC の仕事

5. UPSの出力電圧波形について

　商用電源の電圧波形は「正弦波」である。UPSのバッテリからの出力電圧波形は、商用電源と同じ「正弦波」と階段状の波形の「矩形波」の2種類存在する。一般的に低価格帯のUPSの電圧波形は「矩形波」出力のものが多い。理由は、バッテリの電圧（直流）を交流に変換するインバータ回路の構成は、「正弦波」より「矩形波」の方が安くシンプルに実現できることによる（図9-6）。

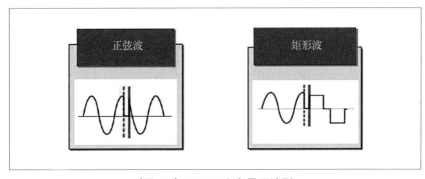

〔図9-6〕UPSの出力電圧波形

6．PFC電源を搭載した機器

　矩形波出力のUPSは、商用運転時は正弦波が出力されるが、バッテリ運転時には矩形波が出力される。PFC電源に矩形波の電圧を印加すると、異常電流が発生したり、出力電圧の垂下を引き起こしたりして、PCの突然停止、最悪の場合は機器の故障に至ることがある。例として、矩形波出力のUPSにPFC電源を接続した場合の、電圧電流波形を下記に示す。この例では、UPSがバッテリ運転に切り替わると、正常と比べて約5倍の電流が発生していることがわかる（図9-7）。

　PFC電源は入力電圧波形が正弦波であることを前提として設計されているため、矩形波ではうまく動作しない可能性がある。よってPFC電源を搭載した機器をバックアップするためのUPSは正弦波出力タイプを強く推奨する。

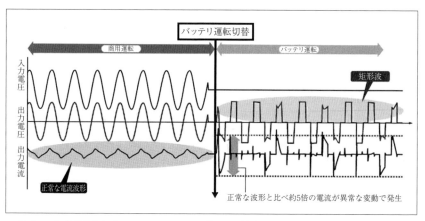

〔図9-7〕矩形波出力のUPSにPFC電源を接続した場合の電圧・電流波形

■第9章　情報機器向けUPSの活用による電源ノイズ対策事例

7．無停電電源装置（UPS）を用いた電源障害の対策事例

　ここでは生産現場における UPS を用いた電源障害の対策事例を紹介する。

● ファクトリーコンピュータへの対策事例（図 9-8）

　突然の停電でファクトリーコンピュータのハードディスクが破損しないよう、UPS で保護する。

　EMC 対策として高調波電流を抑制するため、PFC 電源を搭載したファクトリーコンピュータを選定しているため、UPS は正弦波タイプのものを選定する必要がある。

課題

ファクトリコンピュータの使用で、停電などの電源異常時にデータが消失してしまうトラブルを避けたい。

解決策

動作検証済みのファクトリコンピュータで信頼性の高いバックアップ環境を実現。

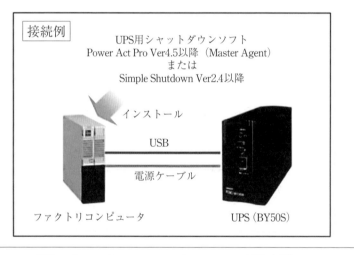

〔図 9-8〕ファクトリーコンピュータへの対策事例

■第9章　情報機器向けUPSの活用による電源ノイズ対策事例／参考文献

8．最後に

　生産現場においては電源障害による不意のトラブルを防ぐためにも、UPS を採用されることを強くお勧めしたい。今後は市場競争の激化により更なる生産効率向上が要求され、ますます電源障害対策のニーズは高まっていくものと筆者は予測する。

参考文献

第1章

1) 前坂昌春著，町野利道監修：「電子回路設計シリーズ　スイッチング電源設計基礎技術」，誠文堂新光社

第2章

2) 奥村睦，小林直樹," 最近の電力品質技術の動向 "，電学論 B, Vol. 125, No. 7, pp.643-646, March 2005.

3) 富岡聡，" 雑音の側面から見た電力品質，電源の高調波対策は不可欠" 日経エレクトロニクス No.992, pp.113-120, December 2008.

4) IEC 61000-3-2 Ed. 3.0:2005（b）: "Electromagnetic compatibility（EMC）- Part 3-2: Limits - Limits for harmonic current emissions（equipment input current<= 16 A per phase)" , 2005.

5) R.W.Erickson, Fundamentals of Power Electronics SECOND EDITION, 2001.

6) 富岡聡，"電源の高調波対策 PFC コンバータ "，EMC 2010.10.5（No.270）p112-122

7) Laszlo Huber, Yungtaek Jang, and Milan M.Jovanovic, "Performance Evaluation of Bridgeless PFC Boost Rectifiers" APEC 2007 - Twenty Second Annual IEEE.

第3章

8) 平田源二：電子機器のノイズトラブル対策、インターネプコン／エレクトロテストジャパン' 99 セミナーテキスト、工業調査会、1999 年1月

9) 仁田周一：電子機器のノイズ対策法　p.56~58、オーム社、1986 年6月

10) 平田源二：誤動作要因の究明、電磁環境工学情報 EMC 六月号、科学情報出版、2013 年6月

第4章

11) 森，山田，S.WIBOWO，光野，小林，高井，藤村，杉山，深井，大西，武田，松田，「デジタル電源でのスペクトラム拡散クロックによる

■参考文献

EMI 低減化」,第 21 回 回路とシステムワークショップ,軽井沢（2008.4)

12) 小堀，落合，金谷，築地，高井，小林，「擬似アナログノイズを用いたスペクトラム拡散によるスイッチング電源の EMI 低減化」,電子情報通信学会環境電磁工学研究会，EMCJ2014-93, pp.45-50, 沖縄（2015.1)

13) 角田清隆," 車載用 DC-DC コンバーターのノイズ，擬似乱数スペクトラム拡散で低減する",日経エレクトロニクス（2015)

14) Y. Kobori, N. Tsukiji, N. Takai, H. Kobayashi," EMI Reduction by Extended Spread Spectrum in Switching Converter," EMC Joint Workshop 2015, Bangkok（Jun.2015)

15) Y. Kobori, T. Arafune, N. Tsukiji, N. Takai, H.Kobayashi," Selectable Notch Frequencies of EMI Spread Spectrum Using Pulse Modulation in Switching Converter," The 11th IEEE Conference on ASIC（ASICON）2015, B8-7, Chengdu/China（Nov. 2015)

16) 荒船，小堀，築地，小林，「パルスコーディングを用いたスイッチング電源における選択的ノッチ周波数発生方式」,電子情報通信学会環境電磁工学研究会，EMCJ2015-88,鎌倉（2015.11)

17) Y. Kobori, N. Tsukiji, N. Takai, H. Kobayashi, " Spread Spectrum with Notch Frequency using Pulse Coding Method for Switching Converter of Communication Equipment," The International Conference on Electronic Information and Communication Engineering（ICEICE）, S Ⅱ -01, Amsterdam（May, 2016)

18) 深谷，小堀，荒船，築地，小林，「スイッチング電源におけるノッチ特性を有するスペクトラム拡散」,電気学会　電子回路研究会，ETC16-68, 富山（2016.10)

19) 荒船，浅見，築地，小堀，小林，「スイッチング電源におけるノッチ特性を有するスペクトラム拡散」,電子情報通信学会環境電磁工学研究会，EMCJ2016-88,東京（2016.11)

第 5 章

20) 小堀，落合，金谷，築地，高井，小林，" 擬似アナログノイズを用

いたスペクトラム拡散によるスイッチング電源の EMI 低減化," 電子
情報通信学会環境電磁工学研究会, EMCJ2014-93, pp.45-50, 沖縄
(2015.1)

21) Y. Kobori, N. Tsukiji, N. Takai, H. Kobayashi, "EMI Reduction by Extended
Spread Spectrum in Switching Converter," EMC Joint Workshop 2015,
Bangkok (Jun. 2015)

第 6 章

22) IEC 62236-3-2 Ed.2: Railway applications-Electromagnetic compatibility
(EMC) -Part3-2: Rolling stock-Apparatus

23) 2008 EMC フォーラム, 鉄道の EMC, 2008EMC フォーラム運営委員
会事務局, 鉄道の放射ノイズ対策事例と車載小型電源の EMC 対策,
力丸桂二, ミマツコーポレーション

24) 鉄道と EMC, 電気学会・鉄道の電磁気環境に関する共同研究会, 株
式会社オーム社

第 7 章

25) IT ロードマップ 2014 年版, 野村総合研究所, 東洋経済新報社

26) PC Watch：「福田昭のセミコン業界最前線 DRAM 開発の主役から外
される PC 向け DRAM」, http://pc.watch.impress.co.jp/docs/column/
semicon/20130514_599102.html.

27) PC Watch：「Intel が展望する 2014 年の DRAM トレンド」, http://
pc.watch.impress.co.jp/docs/news/event /20130919_615990.html

28) Brian Young (著)："Digital Signal Integrity," Prentice Hall, 2000

29) Eric Bogatin (著), 須藤俊夫 (監訳)：「高速デジタル信号の伝送技
術 シグナルインテグリティ入門」, 第 9 章, 第 11 章, 丸善, 2010 年
7 月

30) Hayato Sasaki, Masato Kanazawa,Toshio Sudo, Atsushi Tomishima,
Toshiyuki Kaneko："New Frequency Dependent Target Impedance for
DDR3 Memory System," Electrical Design of Advanced Packaging and
Systems Symposium (EDAPS) 2011 IEEE, Dec. 2011

31) Wang Li-xin, Zhang Yu-xia, Zhang Gang："Power Integrity Analysis for

High-speed PCB," 2010 First International Conference on Pervasive Computing, Signal Processing and Applications, Sep. 2010

32) Yasuhiro Ikeda, Masahiro Toyama, Satoshi Muraoka, Yutaka Uematsu, Hideki Osaka："Power distribution network design method based on frequency-dependent target impedance for jitter design of memory interface," CPMT Symposium Japan（ICSJ）, 2013 IEEE 3rd, Nov. 2013

33) Hai Lan, Xinhai Jiang, Jihong Ren: "Analysis of Power Integrity and Its Jitter Impact in a 4.3Gbps Low-Power Memory Interface," Electronic Components and Technology Conference（ECTC）, 2013 IEEE 63rd, May 2013

34) Jingook Kim, Yuzo Takita, Kenji Araki, Jun Fan："Improved Target Impedance for Power Distribution Network Design With Power Traces Based on Rigorous Transient Analysis in a Handheld Device," IEEE TRANSACTIONS ON COMPONENTS, PACKAGING AND MANUFACTURING TECHNOLOGY, VOL.3, NO.9, Sep. 2013

35) Raul Fizesan, Dan Pitica："Simulation for Power Integrity to Design a PCB for an Optimum Cost," 2010 IEEE 16th International Symposium for Design and Technology in Electronic Packaging（SIITME）, Sep. 2010

36) Mu-Shui Zhang, Hong-Zhou Tan, Jun-Fa Mao："New Power Distribution Network Design Method for Digital Systems Using Time-Domain Transient Impedance," IEEE TRANSACTIONS ON COMPONENTS, PACKAGING AND MANUFACTURING TECHNOLOGY, VOL.3, NO.8, AUGUST 2013

37) DDR3 SDRAM STANDARD, JEDEC, http://www.jedec.org/, Jul. 2012

第 8 章

38)「デジタル LSI 電源ノイズのオンチップ観測とシミュレーション技術」, 永田真, エレクトロニクス実装学会誌, Vol.12,No.7,pp.581-586,2009 年 12 月

39)「LSI 電源雑音の研究」, 永田真, 電子情報通信学会誌 Vol.92,No.1, pp.55-60,2009 年 1 月

40)「VLSI チップの電源電流シミュレーション」, 永田真, エレクトロ

ニクス実装学会誌，Vol. 13, No. 4, pp. 259-262, 2010 年 7 月

41)「マイクロプロセッサにおける基板ノイズの評価と解析」，坂東要志，
小坂大輔，横溝剛一，Ying Shiun Li, Shen Lin, 永田真，電子情報通
信学会技術報告 ICD2009-35,11-14,2009 年 10 月

42) "Immunity Evaluation of SRAM Core Using DPI with On-Chip Diagnosis
Structures," T. Sawada, T. Toshikawa, K. Yoshikawa, H. Takata, K. Nii, M.
Nagata, in Proc. IEEE 8th International orkshop on Electromagnetic
Compatibility of Integrated Circuits, pp. 65-70, Nov. 2011.

43)「CMOS デジタル LSI における電源雑音評価のためのリファレンス回
路」，松野哲郎，小坂大輔，永田真，電子情報通信学会技術報告
ICD2009-66,19-22,2009 年 11 月

44) "Measurements and Co-Simulation of On-Chip and On-Board AC Power
Noise in Digital Integrated Circuits," K. Yoshikawa, Y. Sasaki, K. Ichikawa, Y.
Saito, M. Nagata, in Proc. IEEE 8th International orkshop on
Electromagnetic Compatibility of Integrated Circuits, pp. 76-81, Nov. 2011.

著者紹介

第1章　清水 義明（コーセル株式会社）

第2章　富岡　聡（TDKラムダ株式会社）

第3章　大阿久 学（株式会社 電研精機研究所）

第4章　小堀 康功（小山工業高等専門学校）

第5章　小堀 康功（小山工業高等専門学校）

第6章　力丸 桂二（株式会社 トアック）

第7章　大坂 英樹（株式会社 日立製作所）

　　　　植松　裕（株式会社 日立製作所）

　　　　池田 康浩（株式会社 日立製作所）

第8章　永田　真（神戸大学）

第9章　林　　昭（オムロン株式会社）

注：所属は当時のもの

●ISBN 978-4-904774-69-4　　　元 拓殖大学　後藤 尚久 著

設計技術シリーズ
EMC技術者のための電磁気学

本体 2,700 円＋税

第1章	クーロンの法則
第2章	電気力線
第3章	電位
第4章	電流は電荷の移動
第5章	伝送線路に流れる電流
第6章	ローレンツ力
第7章	磁荷に対するクーロンの法則
第8章	ビオーサバールの法則
第9章	電磁気学の本質は電荷と磁荷の相互作用
第10章	磁石の本質は電流ループ
第11章	磁界の積分
第12章	ガウスの定理とアンペアの法則
第13章	アンペアの法則とファラデーの法則
第14章	電気力線がないときのアンペアの法則
第15章	ポテンシャルと交流理論
第16章	遅延ポテンシャルとローレンツ力
第17章	ダイポールが作る電磁界とマックスウェルの方程式
第18章	電磁波はどのように発生するか、またはどのように発生させないか
第19章	磁界を作るのはなにか
第20章	パラドックスのいろいろ

発行／科学情報出版（株）

●ISBN 978-4-904774-51-9　　　一般社団法人　電気学会　編集
　　　　　　　　　　　　　　　スマートグリッドとEMC調査専門委員会

設計技術シリーズ
スマートグリッドとEMC
― 電力システムの電磁環境設計技術 ―

本体 5,500 円＋税

1．スマートグリッドの構成とEMC問題
2．諸外国におけるスマートグリッドの概況
　2.1　米国におけるスマートグリッドへの取り組み状況
　2.2　欧州におけるスマートグリッドへの取り組み状況
　2.3　韓国におけるスマートグリッドへの取り組み状況
3．国内における
　　スマートグリッドへの取り組み状況
　3.1　国内版スマートグリッドの概況
　3.2　経済産業省によるスマートグリッド／コミュニティ
　　　への取り組み
　3.3　スマートグリッド関連国際標準化に対する経済産業
　　　省の取り組み
　3.4　総務省によるスマートグリッド関連装置の標準化
　　　への対応
　3.5　スマートグリッドに対する電気学会の取り組み
　3.6　スマートコミュニティに関する経済産業省の実証実験
　3.7　スマートコミュニティ事業化のマスタープラン
　3.8　NEDOにおけるスマートグリッド／コミュニティへ
　　　の取り組み
　3.9　経済産業省とNEDO以外で実施された
　　　スマートグリッド関連の研究・実証実験
4．IEC（国際電気標準会議）における
　　スマートグリッドの国際標準化動向
　4.1　SG3（スマートグリッド戦略グループ）から
　　　SyC Smart Energy（スマートエネルギーシステム委
　　　員会）へ
　4.2　SG6（電気自動車戦略グループ）
　4.3　ACEC（電磁両立性諸問題委員会）
　4.4　TC 77（EMC規格）
　4.5　CISPR（国際無線障害特別委員会）
　4.6　TC 8（電力供給に係わるシステムアスペクト）
　4.7　TC 13（電力量計測、料金・負荷制御）
　4.8　TC 57（電力システム管理および関連情報交換）
　4.9　TC 64（電気設備および感電保護）
　4.10　TC 65（工業プロセス計測制御）
　4.11　TC 69（電気自動車および電動産業車両）
　4.12　TC 88（風力タービン）
　4.13　TC 100（オーディオ、ビデオおよびマルチメディ
　　　アのシステム／機器）
　4.14　PC 118（スマートグリッドユーザインターフェース）
　4.15　TC 120（Electrical Energy Storage Systems：電
　　　気エネルギー貯蔵システム）
　4.16　ISO/IEC JTC 1　（情報技術）

5．IEC以外の国際標準化組織における
　　スマートグリッドの動向
　5.1　ISO/TC 205（建築環境設計）における
　　　スマートグリッド関連の取り組み状況
　5.2　ITU-T（国際電気通信連合の電気通信標準化部門）
　5.3　IEEE（電気・電子分野での世界最大の学会）における
　　　スマートグリッドの動向
6．スマートメータとEMC
　6.1　スマートメータとSNS連携による再生可能エネルギー
　　　利活用促進基盤に関する研究開発　（愛媛大学）
　6.2　スマートメータに係る通信システム
　6.3　暗号モジュールを搭載したスマートメータからの
　　　情報漏えいの可能性の検討
7．スマートホームとEMC
　7.1　スマートホームの構成と課題
　7.2　スマートホームに係る通信システム
　7.3　電力線重畳型認証技術　（ソニー）
　7.4　スマートホームにおける太陽光発電システム
　　　（日本電機工業会）
　7.5　スマートホームにおける電気自動車充電システム
　7.6　スマートホーム・グリッド用蓄電池・蓄電システム
　　　（NEC：日本電気）
　7.7　スマートホーム関連設備の認証
　　　（JET：電気安全環境研究所）
　7.8　スマートホームにおけるEMC
　7.9　スマートグリッドに関連した
　　　電磁界の生体影響に関わる検討事項
8．スマートグリッド・スマートコミュニティ
　　とEMC
　8.1　スマートグリッドに向けた課題と対策
　　　（電力中央研究所）
　8.2　スマートグリッド・スマートコミュニティに係る
　　　通信システムのEMC
　8.3　スマートグリッド関連機器のEMCに関する取り組み
　　　（NICT：情報通信研究機構）
　8.4　パワーエレクトロニクスへのワイドバンド
　　　ギャップ半導体の適用とEMC（大阪大学）
　8.5　メガワット級大規模蓄電システム（住友電気工業）
　8.6　再生可能エネルギーの発電量予測と
　　　IBMの技術・ソリューション
付録　スマートグリッド・コミュニティに対する
　　　各組織の取り組み
　A　愛媛大学におけるスマートグリッドの取り組み
　B　日本電機工業会における
　　　スマートグリッドに対する取り組み
　C　スマートグリッド・コミュニティに対する東芝の取り組み
　D　スマートグリッドに対する三菱電機の取り組み
　E　スマートシティ／スマートグリッドに対する
　　　日立製作所の取り組み
　F　トヨタ自動車のスマートグリッドへの取り組み
　G　デンソーのマイクログリッドに対する取り組み
　H　スマートグリッド・コミュニティに対するIBMの取り組み
　I　ソニーのスマートグリッドへの取り組み
　J　低炭素社会実現に向けたNECの取組み
　K　日本無線（JRC）における
　　　スマートグリッド事業に対する取り組み
　L　高速電力線通信推進協議会における
　　　スマートグリッドへの取り組み

発行／科学情報出版（株）

設計技術シリーズ
電源系のEMC・ノイズ対策技術

2018年9月25日　初版発行

編　集	月刊EMC編集部	©2018

発行者　　松塚　晃医

発行所　　科学情報出版株式会社

　　　　　〒300-2622　茨城県つくば市要443-14 研究学園

　　　　　電話　029-877-0022

　　　　　http://www.it-book.co.jp/

ISBN 978-4-904774-75-5　C2055

※転写・転載・電子化は厳禁

＊本書は月刊EMC2013年～2017年の記事を再編集したものとなり、
　各章毎に完結する内容となります。